地震系统网络安全技术手册

《地震系统网络安全技术手册》编写组

地震出版社

图书在版编目（CIP）数据

地震系统网络安全技术手册/《地震系统网络安全技术手册》编写组著.
—北京：地震出版社，2023.12
ISBN 978-7-5028-5621-2

Ⅰ.①地… Ⅱ.①地… Ⅲ.①地震台网—网络安全—技术手册 Ⅳ.①P315.78-62

中国国家版本馆 CIP 数据核字（2023）第 240396 号

地震版 XM 5590/P（6450）

地震系统网络安全技术手册

《地震系统网络安全技术手册》编写组
责任编辑：俞怡岚
责任校对：凌 樱

出版发行：地震出版社
　　　　　北京市海淀区民族大学南路 9 号　　　　　邮编：100081
　　　　　销售中心：68423031　68467991　　　　　传真：68467991
　　　　　总 编 办：68462709　68423029
　　　　　编辑二部（原专业部）：68721991
　　　　　http://seismologicalpress.com
　　　　　E-mail：68721991@sina.com

经销：全国各地新华书店
印刷：河北文盛印刷有限公司

版（印）次：2023 年 12 月第一版　2023 年 12 月第一次印刷
开本：787×1092　1/16
字数：192 千字
印张：7.5
书号：ISBN 978-7-5028-5621-2
定价：60.00 元

《地震系统网络安全技术手册》

编　写　组

主　　编：刘晓雨　付荣国　张　勇

副 主 编：朱　宏　吴晓燕　安小伟　王　卓

　　　　　陈　欣　程　陈　窦　婧　蒋伟民

编审人员：李璐彬　丁艳青　姜　鑫　林　洋

　　　　　徐志双　文鑫涛　林向洋　段乙好

前　言

　　近年来，随着移动互联网、云计算、大数据等信息技术的高速发展与广泛应用，信息化已然成为社会经济发展和人民日常工作生活的重要组成部分，同时网络安全也面临着复杂形势与巨大风险的严重挑战。在此背景下，2017年6月1日《中华人民共和国网络安全法》正式颁布实施，首次将网络安全提升到法律高度，2019年12月1日，网络安全等级保护制度2.0标准正式实施，实现了新技术、新应用防护对象和安全保护领域的全覆盖，突出技术措施与整体策略，强化"一个中心，三重防护"的安全防护体系，将云计算、物联网、移动互联、工业控制系统、大数据等相关新技术新应用全部纳入保护范畴，具有良好的防护效果、广泛的技术适用性、完备的测试评价体系、可行的行业推广应用。

　　早在"十五"期间，地震系统已通过重大工程项目实施建设进入了"网络到台站，IP到仪器"的全网络化时代，在后续多年的持续建设与优化升级中，伴随着虚拟化、大数据、云计算等新技术的广泛使用，随之而来的网络安全问题增多，安全风险加剧，严重威胁到地震系统各类业务应用的稳定运行、日常政务办公的顺利开展和关键数据信息的安全有效。依据国家网络安全相关法律法规与制度要求，地震系统全面开展网络安全建设工作，并确定了"围绕合规性开展等级保护工作，作为现阶段网络安全工作重点"的业务思路。为此，本手册全面贯彻落实地震系统网络安全工作要求，梳理主要的安全问题与系统性风险，依据"网络安全法""网络安全等级保护制度"等相关要求，结合地震行业自身业务特点与安全需求，体系化介绍网络安全基本防护要求、技术策略、安全运管措施等内容，帮助行业各单位管理人员、业务人员、网络安全保障人员提高网络安全认识、规范日常办公网络安全操作；指导网络安全规划建设、运行管理工作。

本手册共 11 章。第 1 章介绍网络安全基线，主要包括基本概念、作用功能、技术要求与应用案例；第 2 章介绍终端安全，主要包括基本概念、技术要求、问题与不足、技术措施与应用案例；第 3 章介绍业务办公安全，主要包括基本概念、技术要求、问题与不足、技术措施与应用案例；第 4 章介绍安全物理环境，主要围绕机房规划建设标准、运行使用中的安全问题、风险隐患及措施。第 5 章介绍安全通信网络，主要结合地震行业网络现状、网络结构安全、网络安全边界防护等内容；第 6 章介绍通用软硬件安全要求，主要包括按照国家等级保护相关要求，结合地震部门业务，介绍基本防护措施与技术要求；第 7 章介绍云平台安全要求，主要在第 6 章通用软硬件安全要求基础上，增加云平台的防护的扩展要求；第 8 章介绍应用软件安全要求，主要包括按照国家等级保护相关要求，针对行业应用、自研开发系统的安全防护技术要求与措施；第 9 章介绍备份与恢复，通过策略实施，提升业务应用连续运行能力，保障数据信息的完整有效性；第 10 章介绍数据安全，主要包括基本概念、问题与不足、技术要求与防护措施；第 11 章介绍网络安全管理中心，主要包括基本概念、适用范围、技术要求与行业实践。

由于编者认识的局限性，以及网络安全技术的快速发展，手册中不妥和错漏之处难免，恳请读者提出宝贵意见。

本书编写组

2023 年 10 月

目　　录

第1章 网络安全基线

安全基线是一个信息系统的最小安全保证，即该信息系统最基本需要满足的安全要求。信息系统安全往往需要在安全支出与所能够承受的安全风险之间进行平衡，而安全基线正是这个平衡的合理分界线。不满足系统最基本的安全需求，也就无法承受由此带来的安全风险，而非基本安全需求的支出同样会带来超额安全成本的付出，所以构造信息系统安全基线已经成为系统安全工程的首要步骤，同时也是进行安全评估、解决信息系统安全性问题的先决条件。安全基线的意义在于通过在系统生命周期不同阶段对目标系统展开各类安全检查，找出不符合基线定义的安全配置项并选择和实施安全措施来控制安全风险，并通过对历史数据的分析获得系统安全状态和变化趋势。

基线一般指配置和管理系统的详细描述，或者说是最低的安全要求，包括服务和应用程序设置、操作系统组件的配置、权限和权利分配、管理规则等。服务器安全基线是指为满足安全规范要求，服务器安全配置必须达到的标准，一般通过检查各安全配置参数是否符合标准来度量。主要包括了账号配置安全、口令配置安全、授权配置、日志配置、IP 通信配置等方面内容，这些安全配置直接反映了系统自身的安全脆弱性。

1.1 操作系统安全基线技术要求

1.1.1 Windows 系统安全基线

1.1.1.1 用户账号与口令

通过配置操作系统用户账号与口令安全策略，提高系统账号与口令安全性，详见表 1.1。

表 1.1 Windows 系统用户账号与口令基线技术要求

序号	基线技术要求	基线标准点（参数）	说明
1	口令必须符合复杂性要求	启用	口令安全策略（不涉及终端及动态口令）
2	口令长度最小值	8 位	口令安全策略（不涉及终端）
3	口令最长使用期限	90 天	口令安全策略（不涉及终端）
4	强制口令历史	10 次	口令安全策略（不涉及终端）
5	复位账号锁定计数器	10 分钟	账号锁定策略（不涉及终端）

续表

序号	基线技术要求	基线标准点（参数）	说明
6	账号锁定时间（可选）	10 分钟	账号锁定策略（不涉及终端）
7	账号锁定阈值（可选）	10 次	账号锁定策略（不涉及终端）
8	guest 账号	禁止	禁用 guest 账号
9	administrator（可选）	重命名	保护 administrator 安全
10	无需账号检查与管理	禁用	禁用无需使用账号

1.1.1.2　日志与审计

通过对操作系统日志进行安全控制与管理，提高日志的安全性与有效性，详见表 1.2。

表 1.2　Windows 系统日志与审计基线技术要求

序号	基线技术要求	基线标准点（参数）	说明
1	审核账号登录事件	成功与失败	日志审核策略
2	审核账号管理	成功与失败	日志审核策略
3	审核目录服务访问	成功	日志审核策略
4	审核登录事件	成功与失败	日志审核策略
5	审核策略更改	成功与失败	日志审核策略
6	审核系统事件	成功	日志审核策略
7	日志存储地址（可选）	接入到统一日志服务器	日志存储在统一日志服务器中
8	日志保存要求（可选）	6 个月	等保三级要求日志保存 6 个月

1.1.1.3　服务优化

通过优化系统资源，提高系统服务安全性，详见表 1.3。

表 1.3　Windows 系统服务优化基线技术要求

序号	基线技术要求	基线标准点（参数）	说明
1	Alerter 服务	禁止	禁止进程间发送信息服务
2	Clipbook（可选）	禁止	禁止机器间共享剪裁板上信息服务
3	Computer Browser 服务（可选）	禁止	禁止跟踪网络上一个域内的机器服务
4	Messenger 服务	禁止	禁止即时通信服务
5	Remote Registry Service 服务	禁止	禁止远程操作注册表服务
6	Routing and Remote Access 服务	禁止	禁止路由和远程访问服务

序号	基线技术要求	基线标准点（参数）	说明
7	Print Spooler（可选）	禁止	禁止后台打印处理服务
8	Automatic Updates 服务（可选）	禁止	禁止自动更新服务
9	Terminal Service 服务（可选）	禁止	禁止终端服务

1.1.1.4 访问控制

通过对系统配置参数调整，提高系统安全性，详见表1.4。

表 1.4 Windows 系统访问控制基线技术要求

序号	基线技术要求	基线标准点（参数）	说明
1	文件系统格式	NTFS	磁盘文件系统格式为 NTFS
2	桌面屏保	10 分钟	桌面屏保策略
3	防病毒软件	安装赛门铁克	生产环境安装赛门铁克防病毒最新版本软件
4	防病毒代码库升级时间	7 天	
5	文件共享（可选）	禁止	禁止配置文件共享，若工作需要必须配置共享，须设置账号与口令
6	系统自带防火墙（可选）	禁止	禁止自带防火墙
7	默认共享 IPCMYM、ADMIN-MYM、CMYM、DMYM 等	禁止	安全控制选项优化
8	不允许匿名枚取 SAM 账号与共享	启用	网络访问安全控制选项优化
9	不显示上次的用户名	启用	交互式登录安全控制选项优化
10	控制驱动器	禁止	禁止自动运行
11	蓝屏后自动启动机器（可选）	禁止	禁止蓝屏后自动启动机器
12	统一时间	接入统一 NTP 服务器	保障生产环境所有系统时间统一

1.1.1.5 补丁管理

通过进行定期更新，降低常见的漏洞被利用的概率。详见表1.5。

表 1.5　**Windows 系统补丁管理基线技术要求**

序号	基线技术要求	基线标准点（参数）	说明
1	安全服务包	win2003 SP2 win2008 SP1	安装微软最新的安全服务包
2	安全补丁（可选）	更新到最新	根据实际需要更新安全补丁

1.1.2　Linux 系统安全基线

1.1.2.1　系统管理

通过配置系统安全管理工具，提高系统运维管理的安全性，详见表1.6。

表 1.6　**Linux 系统管理基线技术要求**

序号	基线技术要求	基线标准点（参数）	说明
1	安装 SSH 管理远程工具（可选）	安装 OpenSSH	OpenSSH 为远程管理高安全性工具，保护管理过程中传输数据的安全
2	配置本机访问控制列表（可选）	配置/etc/hosts.allow，/etc/hosts.deny	安装 TCP Wrapper，提高对系统访问控制

1.1.2.2　用户账号与口令

通过配置 Linux 系统用户账号与口令安全策略，提高系统账号与口令安全性，详见表1.7。

表 1.7　**Linux 系统用户账号与口令基线技术要求**

序号	基线技术要求	基线标准点（参数）	说明
1	禁止系统无用默认账号登录 （1）Operator （2）Halt （3）Sync （4）News （5）Uucp （6）Lp （7）nobody （8）Gopher	禁止	清理多余用户账号，限制系统默认账号登录，同时，针对需要使用的用户，制订用户列表进行妥善保存
2	root 远程登录	禁止	禁止 root 远程登录
3	口令使用最长周期	90 天	口令安全策略（超级用户口令）
4	口令过期提示修改时间	28 天	口令安全策略（超级用户口令）

序号	基线技术要求	基线标准点（参数）	说明
5	口令最小长度	8 位	口令安全策略
6	设置超时时间	10 分钟	口令安全策略

1.1.2.3　日志与审计

通过对 Linux 系统的日志进行安全控制与管理，提高日志的安全性与有效性，详见表 1.8。

表 1.8　Linux 系统日志与审计基线技术要求

序号	基线技术要求	基线标准点（参数）	说明
1	记录安全日志	authpriv 日志	记录网络设备启动、usermod、change 等方面日志
2	日志存储（可选）	接入到统一日志服务器	使用统一日志服务器接收并存储系统日志
3	日志保存时间	6 个月	等保三级要求日志必须保存 6 个月
4	日志系统配置文件保护	400	修改配置文件 syslog. conf 权限为管理员用户只读

1.1.2.4　服务优化

通过优化 Linux 系统资源，提高系统服务安全性，详见表 1.9。

表 1.9　Linux 系统服务优化基线技术要求

序号	基线技术要求	基线标准点（参数）	说明
1	ftp 服务（可选）	禁止	文件上传服务
2	sendmail 服务	禁止	邮件服务
3	klogin 服务（可选）	禁止	Kerberos 登录，如果站点使用 Kerberos 认证则启用
4	kshell 服务（可选）	禁止	Kerberos shell，如果站点使用 Kerberos 认证则启用
5	ntalk 服务	禁止	new talk
6	tftp 服务	禁止	以 root 用户身份运行可能危及安全
7	imap 服务（可选）	禁止	邮件服务
8	pop3 服务（可选）	禁止	邮件服务

序号	基线技术要求	基线标准点（参数）	说明
9	telnet 服务（可选）	禁止	远程访问服务
10	GUI 服务（可选）	禁止	图形管理服务
11	xinetd 服务（可选）	启动	增强系统安全

1.1.2.5　访问控制

通过对 Linux 系统配置参数调整，提高系统安全性，详见表 1.10。

表 1.10　Linux 系统访问控制基线技术要求

序号	基线技术要求	基线标准点（参数）	说明
1	Umask 权限	022 或 027	修改默认文件权限
2	关键文件权限控制	（1）/etc/passwd 目录权限为 644	/etc/passwd rw-r--r— 所有用户可读，root 用户可写
3		（2）/etc/shadow 目录权限为 400	/etc/shadow r-------- 只有 root 可读
4		（3）/etc/group root 目录权限为 644	/etc/group rw-r--r— 所有用户可读，root 用户可写
5	统一时间	接入统一 NTP 服务器	保障生产环境所有系统时间统一

1.2　中间件安全基线技术要求

1.2.1　Tong（TongEASY、TongLINK 等）中间件安全基线

1.2.1.1　用户账号与口令

通过配置中间件用户账号与口令安全策略，提高系统账号与口令安全，详见表 1.11。

表 1.11　Tong 用户账号与口令基线技术要求

序号	基线技术要求	基线标准点（参数）	说明
1	优化 Tong 服务账号和应用共用同一用户（可选）	Tong 和应用共用同一用户	与操作系统应用用户保持一致

1.2.1.2　日志与审计

通过对中间件的日志进行安全控制与管理，保护日志的安全与有效性，详见表 1.12。

表 1.12　Tong 日志与审计基线技术要求

序号	基线技术要求	基线标准点（参数）	说明
1	事务包日志备份	1.5G	Pktlog 达到 1.5G 进行备份
2	交易日志备份	1.5G	Txlog 达到 1.5G 进行备份
3	通信管理模块运行日志备份	1.5G	Tonglink.log 达到 1.5G 进行备份
4	系统日志备份	1.5G	syslog 达到 1.5G 进行备份
5	名字服务日志备份	1.5G	Nsfwdlog 达到 1.5G 进行备份
6	调试日志备份	1.5G	Testlog 达到 1.5G 进行备份
7	通信管理模块错误日志备份	1.5G	Tonglink.err 达到 1.5G 进行备份
8	日志保存时间（可选）	6 个月	等保三级要求日志必须保存 6 个月

1.2.1.3　访问控制

通过配置中间件系统资源，提高中间件系统服务安全，详见表 1.13。

表 1.13　Tong 访问控制基线技术要求

序号	基线技术要求	基线标准点（参数）	说明
1	共享内存	SHMMAX：4G SHMSEG：3 个以上 SHMALL：12G	根据不同操作系统调整 Tong 的 3 个核心参数
2	消息队列	MSGTQL：4096 MSGMAX：8192 MSGMNB：16384	设置 Tong 核心应用系统程序进行数据传递参数
3	信号灯	Maxuproc：1000 以上 SEMMSL：13 以上 SEMMNS：26 以上	设置 Tong 信号灯参数
4	进程数	NPROC：2000 以上 MAXUP：1000 以上	设置同时运行进程数参数

1.2.1.4　安全防护

通过对中间件配置参数调整，提高中间件系统安全，详见表 1.14。

表 1.14　Tong 安全防护基线技术要求

序号	基线技术要求	基线标准点（参数）	说明
1	数据传输安全	根据应用需求设置加密标识	根据应用需求保护数据传输安全
2	守护进程安全	tld tmmoni tmrcv tmsnd	通信管理模块、运行监控、接收处理、发送处理守护进程处于常开状态，随时处理应用程序的请求

1.2.1.5　补丁管理

通过对 Tong 的补丁进行定期更新，达到管理基线，防止常见的漏洞被利用，详见表 1.15。

表 1.15　Tong 补丁管理基线技术要求

序号	基线技术要求	基线标准点（参数）	说明
1	安全补丁（可选）	根据实际需要更新	根据实际需要更新安全补丁 Tong4.2、Tong4.5、Tong4.6 适用于 AIX5.3 以上版本

1.2.2　Apache 中间件安全基线

1.2.2.1　用户账号与口令

通过配置中间件用户账号与口令安全策略，提高系统账号与口令安全性，详见表 1.16。

表 1.16　Apache 用户账号与口令基线技术要求

序号	基线技术要求	基线标准点（参数）	说明
1	优化 WEB 服务账号	新建 Apache 可访问 80 端口用户账号	使用 WAS 中间件用户安装，root 用户启动

1.2.2.2　日志与审计

通过对中间件的日志进行安全控制与管理，提高日志的安全性与有效性，详见表 1.17。

表 1.17　Apache 日志与审计基线技术要求

序号	基线技术要求	基线标准点（参数）	说明
1	日志级别（可选）	Info	采用 Info 日志级别，分析问题时采用更高日志级别

续表

序号	基线技术要求	基线标准点（参数）	说明
2	错误日志及记录	ErrorLog	配置错误日志文件名及位置
3	访问日志（可选）	CustomLog	配置访问日志文件名及位置

1.2.2.3 服务优化

通过优化中间件系统资源，提高中间件系统服务安全性，详见表 1.18。

表 1.18 Apache 服务优化基线技术要求

序号	基线技术要求	基线标准点（参数）	说明
1	无用模块	禁用	禁用无用模块

1.2.2.4 安全防护

通过对中间件配置参数调整，提高中间件系统安全性，详见表 1.19。

表 1.19 Apache 安全防护基线技术要求

序号	基线技术要求	基线标准点（参数）	说明
1	遍历操作系统目录（可选）	禁止	修改参数文件，禁止目录遍历
2	服务器应答头中的版本信息	关闭	隐藏版本信息，防止软件版本信息泄露
3	服务器生成页面的页脚中版本信息	关闭	不显示服务器默认欢迎页面

1.2.3 WAS 中间件安全基线

1.2.3.1 用户账号与口令

通过配置用户账号与口令安全策略，提高系统账号与口令安全性，详见表 1.20。

表 1.20 WAS 用户账号与口令基线技术要求

序号	基线技术要求	基线标准点（参数）	说明
1	账号安全策略	按照操作系统账号管理规范执行	符合应用系统运行要求
2	口令安全策略	按照操作系统口令管理规范执行	符合应用系统运行要求

1.2.3.2　日志与审计

通过对系统的日志进行安全控制与管理，提高日志的安全性与有效性，详见表 1.21。

表 1.21　WAS 日志与审计基线技术要求

序号	基线技术要求	基线标准点（参数）	说明
1	故障日志	开启	记录相关日志
2	记录级别	Info	记录相关日志级别

1.2.3.3　服务优化

通过优化系统资源，提高系统服务安全性，详见表 1.22。

表 1.22　WAS 服务优化基线技术要求

序号	基线技术要求	基线标准点（参数）	说明
1	file serving 服务	禁止	开启用户可能非法浏览应用服务器目录和文件
2	配置 config 和 properties 目录权限	755	config 和 properties 目录权限不当存在安全隐患

1.2.3.4　安全防护

通过对系统配置参数调整，提高系统安全性，详见表 1.23。

表 1.23　WAS 安全防护基线技术要求

序号	基线技术要求	基线标准点（参数）	说明
1	删除 sample 例子程序	删除示例域	防止已知攻击
2	连接会话超时控制	10 分钟	设置超时时间，控制用户登录会话
3	数据传输安全	加密传送	在服务器 console 管理中浏览器与服务器传输信息配置 SSL
4	设置控制台会话最长时间	30 分钟	控制台会话 timeout 低于 30 分钟

1.2.3.5　补丁管理

通过进行定期更新，达到管理基线，降低常见的漏洞被利用，详见表 1.24。

表 1.24　WAS 补丁管理基线技术要求

序号	基线技术要求	基线标准点（参数）	说明
1	安全补丁（可选）	按照系统管理室年度版本执行	根据应用系统实际情况选择

1.3　网络设备安全基线技术要求

1.3.1　Cisco 路由器/交换机安全基线

1.3.1.1　系统管理

通过配置网络设备管理，提高系统运维管理安全性，详见表 1.25。

表 1.25　Cisco 系统管理基线技术要求

序号	基线技术要求	基线标准点（参数）	说明
1	远程 ssh 服务（可选）	启用	采用 ssh 服务代替 telnet 服务管理网络设备，提高设备管理安全性
2	认证方式	tacas/radius 认证	启用设备认证
3	非管理员 IP 地址	禁止	配置访问控制列表，只允许管理员 IP 或网段能访问网络设备管理服务
4	配置 console 端口	口令认证	console 需配置口令认证信息
5	统一时间	接入统一 NTP 服务器	保障生产环境所有设备时间统一

1.3.1.2　用户账号与口令

通过配置网络设备用户账号与口令安全策略，提高系统账号与口令安全性，详见表 1.26。

表 1.26　Cisco 用户账号与口令基线技术要求

序号	基线技术要求	基线标准点（参数）	说明
1	Service password 口令	加密	采用 service password-encryption
2	enable 口令	加密	采用 secret 对口令进行加密
3	账号登录空闲超时时间	5 分钟	设置 console 和 vty 的登录超时时间 5 分钟
4	口令最小长度	8 位	口令长度为 8 个字符

1.3.1.3　日志与审计

通过对网络设备的日志进行安全控制与管理，提高日志的安全性与有效性，详见表 1.27。

表 1.27　Cisco 日志与审计基线技术要求

序号	基线技术要求	基线标准点（参数）	说明
1	更改 SNMP 的团体串（可选）	更改 SNMP Community	修改默认值 public 更改 SNMP 主机 IP
2	系统日志存储	对接到网管日志服务器	使用日志服务器接收与存储主机日志，网管平台统一管理
3	日志保存要求	6 个月	等保三级要求日志必须保存 6 个月

1.3.1.4　服务优化

通过优化网络设备，提高系统服务安全性，详见表 1.28。

表 1.28　Cisco 服务优化基线技术要求

序号	基线技术要求	基线标准点（参数）	说明
1	TCP、UDP Small 服务（可选）	禁止	禁用无用服务
2	Finger 服务	禁止	禁用无用服务
3	HTTP 服务	禁止	禁用无用服务
4	HTTPS 服务	禁止	禁用无用服务
5	BOOTp 服务	禁止	禁用无用服务
6	IP Source Routing 服务	禁止	禁用无用服务
7	ARP-Proxy 服务	禁止	禁用无用服务
8	cdp 服务（可选）	禁止	禁用无用服务（只适用于边界设备）
9	FTP 服务（可选）	禁止	禁用无用服务

1.3.1.5　访问控制

通过对设备配置进行调整，提高设备或网络安全性，详见表 1.29。

表 1.29　**Cisco 访问控制基线技术要求**

序号	基线技术要求	基线标准点（参数）	说明
1	login banner 信息	修改默认值为警示语	默认值不为空
2	BGP 认证（可选）	启用	加强路由信息安全
3	EIGRP 认证（可选）	启用	加强路由信息安全
4	OSPF 认证（可选）	启用	加强路由信息安全
5	RIPv2 认证（可选）	启用	加强路由信息安全
6	MAC 绑定（可选）	IP+MAC+端口绑定	重要服务器采用 IP+MAC+端口绑定
7	网络端口 AUX（可选）	关闭	关闭没用网络端口

1.3.2　H3C 路由器/交换机安全基线

1.3.2.1　系统管理

通过配置网络设备管理，预防远程访问服务攻击或非授权访问，提高网络设备远程管理安全性，详见表 1.30。

表 1.30　**H3C 系统管理基线技术要求**

序号	基线技术要求	基线标准点（参数）	说明
1	远程 ssh 服务（可选）	启用	采用 ssh 服务代替 telnet 服务管理网络设备，提高设备管理安全性
2	认证方式	tacas/radius 认证	启用设备认证
3	非管理员 IP 地址	禁止	配置访问控制列表，只允许管理员 IP 或网段能访问网络设备管理服务
4	配置 console 端口	口令认证	console 需配置口令认证信息
5	统一时间	接入统一 NTP 服务器	保障生产环境所有设备时间统一

1.3.2.2　用户账号与口令

通过配置用户账号与口令安全策略，提高系统账号与口令安全，详见表 1.31。

表 1.31　**H3C 用户账号与口令基线技术要求**

序号	基线技术要求	基线标准点（参数）	说明
1	system 口令	加密方式	采用 cipher 对口令进行加密
2	账号登录空闲超时时间	5 分钟	设置 console 和 vty 的登录超时时间 5 分钟
3	口令最小长度	8 位	口令安全策略

1.3.2.3　日志与审计

通过对网络设备的日志进行安全控制与管理，提高日志的安全性与有效性，详见表 1.32。

表 1.32　H3C 日志与审计基线技术要求

序号	基线技术要求	基线标准点（参数）	说明
1	系统日志	接入到网管日志服务器	使用网管平台统一日志服务器接收与存储
2	日志保存要求	6 个月	等保三级要求日志必须保存 6 个月

1.3.2.4　服务优化

通过优化网络设备资源，提高设备服务安全性，详见表 1.33。

表 1.33　H3C 服务优化基线技术要求

序号	基线技术要求	基线标准点（参数）	说明
1	http 服务	禁用	关闭弱服务
2	FTP 服务（可选）	禁止	禁用 Ftp 服务

1.3.2.5　访问控制

通过对网络设备配置参数调整，提高设备安全性，详见表 1.34。

表 1.34　H3C 访问控制基线技术要求

序号	基线技术要求	基线标准点（参数）	说明
1	BGP 认证（可选）	启用	加强路由信息安全
2	OSPF 认证（可选）	启用	加强路由信息安全
3	RIPv2 认证（可选）	启用	加强路由信息安全
4	统一时间	接入统一 NTP 服务器	保障生产环境所有设备时间统一
5	重要服务器采用 IP+MAC+端口绑定（可选）	IP+MAC+端口绑定	重要服务器采用 IP+MAC+端口绑定
6	网络端口 AUX（可选）	关闭	关闭没用网络端口

1.3.3　防火墙安全基线

1.3.3.1　系统管理

通过配置网络设备管理，提高安全设备运维管理安全性，详见表 1.35。

表 1.35　防火墙系统管理基线技术要求

序号	基线技术要求	基线标准点（参数）	说明
1	安全网络登录方式，SSH 或者 HTTPS	启用	采用 ssh（https）服务代替 telnet（http）服务管理防火墙设备
2	限制登录口令录入时间	30 秒	设置登录口令录入时间，建议为 30 秒
3	限制可登录的访问地址	配置管理客户端 IP 地址	限制对特定工作站的管理能力
4	只接收管理流量的逻辑管理 IP 地址（可选）	启用	网络用户流量分离管理流量大大增加了管理安全性，并确保了稳定的管理带宽
5	HTTP 监听端口号（可选）	更改	通过更改 HTTP 监听端口号提高系统安全性
6	统一时间	接入统一 NTP 服务器	保障生产环境所有设备时间统一

1.3.3.2　用户账号与口令

通过配置网络设备用户账号与口令安全策略，提高设备账号与口令安全性，详见表 1.36。

表 1.36　防火墙用户账号与口令基线技术要求

序号	基线技术要求	基线标准点（参数）	说明
1	系统初始账号和口令	修改	在完成初始配置后应尽快修改缺省用户名和口令
	口令最短长度	8 位	口令安全策略

1.3.3.3　日志与审计

通过对网络设备的日志进行安全控制与管理，提高日志的安全性与有效性，详见表 1.37。

表 1.37　防火墙日志与审计基线技术要求

序号	基线技术要求	基线标准点（参数）	说明
1	发起 SNMP 连接	限定源 IP	限制发起 SNMP 连接的源地址
2	信息流日志	开启	针对重要策略开启信息流日志
3	系统日志（可选）	对接到统一网管日志服务器	使用网管平台统一日志服务器接收与存储系统日志
4	日志保存要求（可选）	6 个月	等保三级要求日志必须保存 6 个月

1.3.3.4　安全防护

通过对网络设备配置参数调整，提高设备安全性，详见表 1.38。

表 1.38　防火墙安全防护基线技术要求

序号	基线技术要求	基线标准点（参数）	说明
1	防火墙安全设置选项（可选）SYN Attack、ICMP Flood、UDP Flood、Port Scan ttack、Limit session、SYN-ACK-ACK Proxy、SYN Fragment	开启	防攻击选项包括：SYN Attack、ICMP Flood、UDP Flood、Port Scan Attack、Limit session、SYN-ACK-ACK Proxy 保护、SYN Fragment（SYN 碎片）等

1.4　数据库安全基线技术要求

1.4.1　Oracle 数据库系统安全基线

1.4.1.1　用户账号与口令

通过配置数据库系统用户账号与口令安全策略，提高数据库系统账号与口令安全性，详见表 1.39。

表 1.39　Oracle 系统用户账号与口令基线技术要求

序号	基线技术要求	基线标准点（参数）	说明
1	Oracle 无用账号 TIGER SCOTT 等	禁用	禁用无用账号
2	默认管理账号管理 SYSTEM DMSYS 等	更改口令	账号安全策略（新系统）

续表

序号	基线技术要求	基线标准点（参数）	说明
3	数据库自动登录 SYSDBA 账号	禁止	账号安全策略
4	口令最小长度	8 位	口令安全策略（新系统）
5	口令有效期	12 个月	新系统执行此项要求
6	禁止使用已设置过的口令次数	10 次	口令安全策略

1.4.1.2　日志与审计

通过对数据库系统的日志进行安全控制与管理，提高日志的安全性与有效性，详见表 1.40。

表 1.40　Oracle 系统日志与审计基线技术要求

序号	基线技术要求	基线标准点（参数）	说明
1	日志保存要求（可选）	3 个月	日志必须保存 3 个月
2	日志文件保护	启用	设置访问日志文件权限

1.4.1.3　访问控制

通过对数据库系统配置参数调整，提高数据库系统安全性，详见表 1.41。

表 1.41　Oracle 系统访问控制基线技术要求

序号	基线技术要求	基线标准点（参数）	说明
1	监听程序加密（可选）	设置口令	设置监听器口令（新系统）
2	修改服务监听默认端口（可选）	非 TCP1521	系统可执行此项要求

注：以上参照等保三级，详细要求及配置表见附录。

1.5　基线检查方法

1.5.1　远程工具检查

远程检查通常描述为漏洞扫描技术，用来评估信息系统的安全性能，其原理是采用不提供授权的情况下模拟攻击的形式对目标可能存在的已知安全漏洞进行逐项检查，目标可以是终端设备、主机、网络设备，其至数据库等应用系统。系统管理员可以根据扫描结果提供安全性分析报告，为提高信息安全整体水平产生重要依据。

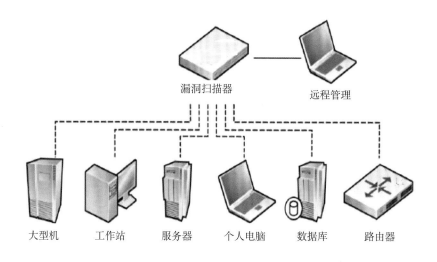

图　1.1

1.5.1.1　绿盟工具

绿盟安全配置核查系统（NSFOCUS BVS）采用独立的硬件平台，协助企业解决安全基线及配置管理问题。该产品采用机器语言，可自动发现并分析多类设备及系统的安全配置问题，避免传统人工检查方式所带来的失误风险，同时能够出具详细的检测报告。提高检查结果的准确性和合规性，节约人力成本，让运维工作更简单。具有如下特点：

（1）支持等级保护 2.0、运营商、金融等行业合规检查规范，满足监管要求。

（2）全面覆盖重点行业检查规范和模板，支持建立安全基准，落实配置核查闭环管理。

（3）自动化快速检查信息系统安全配置，提高检查效率，减少运维成本。

1.5.1.2　青藤云基线合规监测平台

1. 合规基线功能说明

合规基线构建了由国内信息安全等级保护要求和 CIS（Center for Internet Security）组成的基准要求，涵盖多个版本的主流操作系统、Web 应用、数据库等。结合这些基线内容，一方面，可快速进行单位内部风险自测，发现问题并及时修复，以满足监管部门要求的安全条件；另一方面，可自行定义基线标准，作为单位内部管理的安全基准。

2. 合规基线检查操作

1）合规基线首页

合规基线首页主要展示用户创建的所有基线检查作业检查结果，并提供新建检查、凭证管理、白名单的入口。

2）基线检查

合规基线的首页是用户创建的合规基线任务列表，每个任务展示了基线检查的名称，最后执行时间等信息。可以通过基线规则和基线规则支持的平台等条件进行查询和筛选。也可以对检查任务进行执行、导出报表、编辑、删除等操作。

（1）查看基线检查。

点击某个基线任务，可查看该任务中的基线检查列表。也可对单个基线进行检查。

（2）执行任务。

在检查首页页面，选择某一个检查任务，点击后边的"开始检查"按钮后，开始执行该检查任务。

（3）导出检查结果。

点击任务项后边的"导出报表"按钮，可以导出选定的检查任务检查结果。

（4）编辑任务。

点击任务项后边的"编辑"按钮，跳转到编辑页面，可以编辑任务的名称和基线规则。

（5）删除任务。

点击任务项后边的"删除"按钮，可以删除选定的检查任务。

3）查看检查结果

点击某个任务中的某个基线检查，可以查看该基线检查最后一次的检查结果。

（1）检查项视图。

跳转后默认是【检查项视图】，检查项视图按照每个检查项的维度展示了该检查项的基本信息，和在主机范围内检查结果的统计，即通过率。

在页面上方，视图展示了该检查项所依赖的基线规则的概要信息，以及检查结果的统计。

可以筛选并导出特定检测结果的检查项，如未通过的检查项。

点击查看详情，可查看这个检查项在每台被检查主机上的检查结果。该结果可以通过主机 IP、主机名、业务组和检查结果进行查询和筛选。

选择一台主机的结果并点击"查看详情"，可以看到该检查项在这台主机上的详细检查结果。其中包含了检查项名、检查内容、建议值和实际值等信息，帮助企业用户理解和合理设置。

（2）主机视图。

通过点击【检查项视图】的按钮，可以切换到【主机视图】。【主机视图】按照每台被检查主机的角度，展示了这台主机的基本信息，以及该基线检查所有检查项在该主机上的检查结果统计。可以通过业务组，主机 IP 和主机名进行筛选。

4）新建检查

单击"新建检查"按钮，进入新建检查页面。

（1）添加主机规则。

添加相应的主机规则。

（2）选择执行范围。

全部主机：主账号可选全部主机，子账号不可选全部主机。（子账号不显示"全部主机"选项）选择业务组：可选择该账号管辖范围内的业务组。选择主机：选择该账号管辖范围内的主机 IP，也可手动输入主机 IP【说明】需要先选择检查范围后，才能选择基线规则。选择了检查范围后，将根据所选主机匹配出适用的应用基线，有多少主机缺少账号授权，并提供设置入口。提示例如：您选择的主机中包含 20 台主机缺少账号授权，点击设置。

（3）基线规则。

系统将根据所选主机匹配出适用的基线规则。分为系统基线和应用基线两大类，每类下又细分为 CIS 和等保基线，基线可多选【说明】基线选择后，若为数据库类型应用基线，则提示该规则中是否有需要添加账号授权的基线，若有，则提示，例如：该规则中的 60 个检查项需要账号授权 目前支持的系统基线有：centos6/7 rhel6/7 ubuntu12/14/16 支持的应用基线有：Apache Apache2 MySQL MongoDB Nginx。

打开定时检查开关，则可以输入定时表达式，且定时表达式为必填。定时表达式为 crontab 格式，点击"创建并执行"时，需要校验该格式是否正确，校验规则请参考"任务系统=》新建作业中 crontab 格式"。鼠标移动到定时表达式后的 i，则显示定时表达式的输入说明。关闭定时检查开关，则不可以输入定时表达式。

输入对该基线的描述。

（4）定时检查描述。

打开定时检查开关，则可以输入定时表达式，且定时表达式为必填。定时表达式为 crontab 格式，点击"创建并执行"时，需要校验该格式是否正确，校验规则请参考"任务系统=》新建作业中 crontab 格式"。鼠标移动到定时表达式后的 i，则显示定时表达式的输入说明。关闭定时检查开关，则不可以输入定时表达式。

输入对该基线的描述。

1.5.1.3　微步在线基线检查工具

基于等保合规的安全基线，首先需要对内部资产进行一个全面的梳理，可通过技术手段和管理的手段进行排查，技术手段方面通过对网络流量进行分析，自动化构建企业资产台账，帮助安全团队摸清家底、了解自身资产的暴露情况并结合管理手段记录的物理资产台账，明确资产实际的位置和在用资产，确认资产后可利用技术手段方面的终端资产梳理能力对主机维度的安全基线进行排查。

最终结合技术和管理手段可获取到，明确的在网资产清单和具体资产的脆弱性和风险性，实现从资产发现到资产安全基线判别的完整闭环。

详细的技术手段介绍如下：

1. 资产流量分析手段说明

基于流量进行分析，所有对外开放的主机、端口和服务进行统计，并对攻击者可能的入侵路径，广泛使用的第三方应用和开源组件潜藏的漏洞进行暴露面梳理，并针对可能存在的安全基线风险给出预警。提前摸清家底，及时发现资产风险，收敛攻击面是企业安全团队的重要任务，流量分析的技术手段是一种可准确、全面、及时且不影响业务的方法，可获得完整的资产信息。同时，与资产梳理相关联的便是资产风险梳理，掌握家底是为了掌握攻击面并收敛攻击面。登录入口风险、弱密码风险、API 风险、敏感数据传输等均是安全管理中最常见又最重要的风险项。

2. 终端资产梳理手段说明

通过在现有资产上安装信息监测程序，可快速全面地采集主机上软、硬件等资产信息，实现对操作系统、应用软件、监听端口、系统账户信息进行归类清点。同时支持资产多种视角进行安全基线核查，端点可提供基于系统的安全基线检查的主要数据为 35 项，如下：

（1）检查重复使用用户名。

（2）检查密码创建要求是否配置。

（3）检查 AIDE 是否安装。

（4）检查/etc/passwd 中所有组的/etc/group 是否存在。

（5）检查密码散列算法是否为 SHA512。

（6）检查密码字段是否不为空。

（7）检查/etc/passwd 中没有遗留的"+"条目。

（8）检查 MCS Translation 是否未安装。

（9）检查 GPG keys 是否配置。

（10）检查重复 UID 是否不存在。

（11）检查密码过期时间是否小于等于 90 天。

（12）检查失效密码尝试锁定是否配置。

（13）检查/etc/group 中没有遗留的"+"条目。

（14）检查 SELinux 是否安装。

（15）检查 SSH 的 PermitEmptyPasswrds 是否禁用。

（16）检查是否不存在无约束的守护进程。

（17）检查 SSH 访问是否受限制。

（18）检查 SSH 的 MaxAuthTries 是否设置为小于等于 4。

（19）检查 su 命令的访问是否受限制。

（20）检查邮件传输代理是否配置为仅限本地模式。

（21）检查修改密码的最小间隔时间是否大于等于 7 天。

（22）检查重复用户组名称是否不存在。

（23）检查/etc/shadow 中没有遗留的"+"条目。

（24）检查 SELinux 状态是否为 enforcing。

（25）检查密码过期警告时间是否大于等于 7 天。

（26）检查 SSH 的 root 登录是否禁用。

（27）检查 SSH 空闲超时间隔是否设置。

（28）检查重复 GID 是否不存在。

（29）检查可疑数据包是否被记录。

（30）检查是否只使用了已批准的密码。

（31）检查 root 是否为唯一的 UID 为 0 用户。

（32）检查 SETroubleshoot 是否未安装。

（33）检查 SSH 的 hostbasedAuthentication 是否禁用。

（34）检查 bootloader 配置中 SELinux 是否禁用。

（35）检查 root 用户默认组的 GID 是否为 0。

1.5.2　人工检查

本地检查是基于目标系统的管理员权限，通过 Telnet/SSH/SNMP、远程命令获取等方式获取目标系统有关安全配置和状态信息；然后根据这些信息，使用检查工具对本地配置与预先指定的检查要求进行比较；最后根据分析情况汇总出合规性检查结果。

配置核查是本地检查最常见的一项内容。配置检查工具主要是针对 Windows、Linux 等操作系统，华为、Cisco、Juniper 等路由器和 Oracle 数据库进行安全检查。检查项主要包括：账号、口令、授权、日志、IP 协议等有关的安全特性。

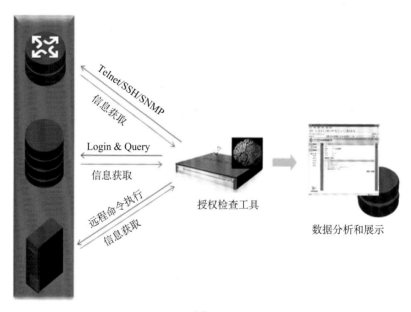

图　1.2

1.5.3　基线变更

基于安全基线的检查工作，可以预见的难题可能在于使用通用的安全基线评估时由于各个业务系统、各个设备功能应用的不同，安全要求也不同；同一设备随着应用的改变，安全要求也随之改变。因此每次使用同一安全基线进行检查，就会重复出现一些已经确认过的风险，而一些新出现的风险却又未加进检查范围内。

使用初始安全基线进行通用安全评估后，系统管理员、安全人员对评估结果进行确认，如果有需要忽略或新增的项目，就调整并保存到基线数据库中。如果没有就返回到评估结果。当启动后一次评估并生成评估结果后，新的评估结果会与基线库中的安全基线自动进行对比，管理员、安全人员对评估结果进行确认，如果有需要忽略或新增的项目，就保存到基线库形成新的基线。如果没有任何基线项目需要变更，则生成新的评估报告。如此循环，使用来参照的安全基线能够随着系统变化而变化。

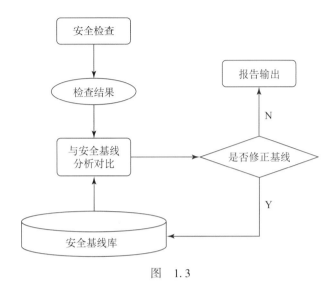

图 1.3

第 2 章 终 端 安 全

2.1 含义、适用范围

2.1.1 含义

终端安全是指保护计算机网络中的终端设备（如个人电脑、手机、平板电脑等）不受未经授权的访问、使用、泄露、破坏或修改的能力和技术措施。

2.1.2 适用范围

适用范围包括个人用户、企业组织和政府机构等各种组织和个人使用计算机终端的领域。

2.2 法律法规要求与技术标准

2.2.1 法律法规要求（国家、行业）

《中华人民共和国数据安全法》
《中华人民共和国网络安全法》
《计算机信息系统安全保护条例》
《互联网金融信息安全技术规范》
《信息安全技术 网络安全等级保护基本要求》（GB/T 22239—2019）

2.2.2 技术标准（国家、行业）

《信息安全技术 终端接入控制产品安全技术要求》（GA/T 1105—2013）
《信息安全技术 移动终端安全管理与接入控制产品安全技术要求》（GA/T 1455—2018）
《信息安全技术 移动终端安全管理平台技术要求》（GB/T 37952—2019）
《信息安全技术 移动终端安全保护技术要求》（GB/T 35278—2017）
《公安物联网感知终端安全防护技术要求》（GB/T 35318—2017）
《信息安全技术 物联网感知终端应用安全技术要求》（GB/T 36951—2018）
《信息安全技术 移动智能终端个人信息保护技术要求》（GB/T 34978—2017）
《信息安全技术 移动智能终端数据存储安全技术要求与测试评价方法》（GB/T 34977—

2017）

《信息安全技术 移动智能终端操作系统安全技术要求和测试评价方法》（GB/T 34976—2017）

《信息安全技术 移动智能终端应用软件安全技术要求和测试评价方法》（GB/T 34975—2017）

《信息安全技术 基于互联网电子政务信息安全实施指南 第 4 部分：终端安全防护》（GB/Z 24294.4—2017）

《信息安全技术 移动智能终端安全架构》（GB/T 32927—2016）

《信息安全技术 政府联网计算机终端安全管理基本要求》（GB/T 32925—2016）

《信息安全技术 政务计算机终端核心配置规范》（GB/T 30278—2013）

等级保护 2.0 安全计算环境中，明确要求终端应对登录的用户进行身份标识和鉴别，身份标识具有唯一性，身份鉴别信息具有复杂度要求并定期更换，可以通过适当配置账户锁定策略对用户的登录行为进行限制。

《中国地震局网络安全管理办法》第 6 章终端设备安全管理中明确要求，各单位应当建立计算机终端台账，对计算机终端进行全生命周期管理。个人终端设备原则上不得接入办公网络，确需接入的，须经运维部门技术审查确保安全。计算机终端及外设应当遵循"谁使用，谁负责"的原则，明确终端安全的使用和管理责任，定期开展针对终端的弱口令检查、病毒查杀、漏洞修补、操作行为管理和安全审计等工作。

2.3 本行业现状与不足

2.3.1 现状与不足

1. 内部终端安全管理问题

（1）终端设备和移动存储介质未专网专用，系统内很多单位存在无安全措施的内网和互联网接入环境，终端接入无认证措施。

（2）对内部终端管理缺乏手段，不能有效阻止恶意程序、病毒的传播，一些危险行为无法溯源，无法快速有效定位。

（3）终端设备存在补丁漏洞未及时升级安装，防病毒软件不能正常工作，网络流量异常、非法设置和软件等情况不能及时发现，及时阻断。

（4）对终端设备运行缺乏有效的全过程全生命周期的监控管理，对安全事件的发生没有一整套联动的预警、告警和事件发生后的实时处置机制。

2. 移动存储设备管理及安全审计管理问题

外来移动存储设备随意接入网络内终端同样可能会造成单位内部的涉密文件被窃取，引入病毒等严重后果。对于具有防火墙、网关等硬件防范的网络，移动存储介质在网络内部造成病毒感染是病毒在内网传播的主要方式。如何防止外来移动存储介质随意接入网内终端，如何保护终端的涉密信息，对涉密信息的访问、修改、复制、删除进行控制和审计，如何能够对涉密文件的打印、发邮件、网络共享进行控制，发现敏感字能及时过滤，并对以上所有行为进行审计记录是急需解决的问题。

3. 非法外联问题

内部人员非法连接外网会增大病毒渗入和黑客攻击的风险，更为严重的会导致内部资料的泄露，给单位造成无法逆转的严重损失。为了防范这些隐患，必须通过技术手段严格防止内部人员未经允许非法连接外网。

2.3.2　风险危害

（1）内部终端安全管理不到位可能会导致数据泄露、恶意软件感染、系统瘫痪、信息丢失网络安全事件的发生。如广州市某停车场管理员报案称其收费室电脑在夜间会"自动操作"，在无人使用的情况下"自己删除"相关停车收费数据。经取证分析，警方发现该信息系统被恶意装入"远程控制软件"，使得犯罪分子可远程控制收费室电脑，对停车收费资金数据进行删改等操作。经深入侦查，发现此案为该停车场物业管理公司财务经理、收费室管理员以及收费系统运维公司经理互相勾结共同作案。上述3人利用职务之便，在停车场智能收费电脑以及个人手机安装了"远程控制软件"，盗取物业公司资产。据统计，该犯罪团伙共计侵吞停车费约30万元。

（2）移动存储设备管理不到位可能会导致敏感数据泄露、系统受到病毒或恶意软件感染、企业信息被盗取等安全风险。如2017年印度的一个政府机构也因为一名员工将未加密的USB存储设备连接到工作电脑上而遭受了勒索软件攻击。

（3）非法外联可能会导致企业机密被泄露、商业机密被窃取、网络安全受到攻击等风险。如2017年全球卫星通信公司Inmarsat遭遇网络攻击，攻击者利用非法外联手段窃取了公司的商业机密。

2.4　具体措施

2.4.1　单位管理层面要求

针对终端安全管理，单位管理层面的要求包括但不限于以下几点：

（1）各单位应当根据等级保护制度和上级单位相关要求，制定终端安全管理制度和规范，明确各岗位的职责和权限。

（2）单位管理层面还需要建立健全的安全管理机制，完善安全管理体系，对终端安全进行全面监管和管理。

（3）加强员工的安全意识和培训，提高员工的安全素养。

2.4.2　单位整体技术层面要求

针对终端安全管理，单位在技术层面上应该采取一系列措施来确保终端的安全性，例如：

（1）单位统一安装防病毒软件，并及时更新病毒库。

（2）单位统一安装防火墙，控制终端与外部网络的通信。

（3）安全设备、网络设备统一禁用不必要的服务和端口。

（4）单位定期对终端进行漏洞扫描和安全评估。

（5）单位统一禁用危险网站和软件，禁止工作人员随意安装未经授权的软件和插件。

（6）单位通过提供 FTP 等方式，协助工作人员定期备份重要数据，以防数据丢失或损坏。

（7）单位协助工作人员对终端设备进行定期检查和维护，及时处理安全事件和漏洞。

2.4.3　个人防护要求

1. 个人终端安全

（1）安装正版操作系统，打开系统自动更新，及时更新系统安全补丁。

（2）设置开机密码，不得使用 111111、admin、password、123456 等弱密码。

（3）禁止开启无权限的文件共享服务，使用更安全的文件共享方式。

（4）关闭电脑的远程登录，不随意安装、使用 teamviewer、向日葵等远程控制软件，不可随意泄露远程登录密码。

（5）定期备份电脑重要数据，重要数据不保存在 C 盘，不在非涉密电脑存储有关涉密内容。

（6）关闭系统中不必要的服务，开启电脑自带防火墙。

（7）按照单位要求安装相应的病毒防护软件或采用相应的病毒防护手段，并且应保证这些措施的可用性。

（8）在发现终端感染病毒时，应首先拔掉网线，降低可能对网络造成的影响，再通知网络安全运维部门处置。

（9）在正规官方网站下载软件，不安装来路不明的软件。

（10）将电脑设置自动锁屏，非工作时间关闭电脑，避免电脑长时间无人看管状态下运行。

（11）不随意登录、点击陌生链接，下载电子邮件附件时注意后缀名，不随意点击陌生人发送的电子邮件。

（12）不随意插入各类存储介质，使用移动存储介质时，进行查杀病毒后打开。

（13）接入单位正规网络，不随意接入不明无线网。

（14）不得浏览点击各类非法网站。

（15）登录业务系统时，应关闭正在访问互联网应用。

2. 移动终端安全

（1）正规渠道购置移动终端，不购置越狱、来路不明的移动终端。

（2）设置终端登录密码。

（3）在正规应用商店下载软件。

（4）根据实际需要，开启 APP 或软件使用权限。

（5）安装杀毒软件。

（6）不随意接入不明无线网。

（7）不随意登录、点击陌生链接，下载电子邮件附件时注意后缀名，不随意点击陌生人发送的电子邮件。

（8）不在终端存储个人身份信息、银行卡等敏感信息。

（9）移动终端登录业务系统后，事务处理完毕后应立即退出业务系统。

3. 账号管控安全

（1）不使用 admin、administrator 等常用账号。

（2）不使用有规律、与个人信息相关的弱密码。

（3）警惕钓鱼邮件、钓鱼网站，不轻易泄露各类账号、密码。

（4）各系统不得使用同一用户名、密码，或有规律的账号、密码。

（5）不得以明文方式在电脑或网络存储、传输各类账号、密码。

（6）每季度对密码进行定期更换，保障密码强度。

（7）业务应用系统的登录密码不得和互联网应用（邮箱、网站）等的密码一致。

（8）不得将单位 VPN 账号、密码泄露于其他人。

4. 个人数据安全

（1）合理设置程序、APP 的读取数据权限，如通讯录、照片、麦克风、摄像头、个人文件等（举例）。

（2）不在电脑、手机存储个人身份证、驾驶证等包含敏感信息的照片、文件。

（3）不随意将个人敏感数据如姓名、工作单位、身份证号码、账号密码、财产状况、行踪轨迹、住址等泄露给别人，特别是陌生人。

（4）使用网盘等云存储介质时，选择大厂商、大品牌云盘服务商，不存储个人敏感信息。

（5）保管好网盘用户名、密码。

（6）网盘存储文件时，选择不公开，不随意泄露网盘分享链接，分享链接时，选择加密分享。

（7）建立私有云盘时，注意加密数据和访问权限设置。

（8）重要数据注意多渠道备份，比如选择网盘、移动硬盘、光盘等方式。

2.5　典型方案

2.5.1　国家级业务中心

安装部署企业级 EDR 系统，与其他安全产品展开联动，实现病毒库统一升级、统一查杀，满足终端安全需要。实现以下功能：

1. 全面有效的病毒查杀

集成多种病毒检测引擎，可支持对蠕虫病毒、恶意软件、勒索软件、引导区病毒、木马等恶意文件的有效查杀。针对漏洞攻击，提供了针对指令控制流的检测技术，可从系统的更底层发现漏洞攻击代码的执行，面对 0Day 漏洞也有着显著的防护效果。

2. 实时全面的资产管理

可按需收集终端的软硬件信息，包括硬件信息、操作系统信息、终端登记信息支持统一展示，并支持用户按需进行筛选并产生报表，方便用户进行资产的收集与统计。

3. 智能化的补丁管理

解决企业多网络环境下的补丁下载与安全更新问题，提供云端下载和离线下载工具。可针对漏洞进行多维关联，提供按需修复策略，有效提升企业信息系统整体漏洞防护等级。

4. 可靠的安全运维管控

支持对终端应用程序、网络防护、违规外联、外设使用、桌面加固等多个维度进行安全管控，避免安全事件的发生，并对终端尝试的违规动作产生告警信息。

5. 灵活的移动存储管控

给予不同的移动存储介质相应的授权试用范围和读写权限，同时支持设备状态的追踪与管理，实现对移动存储设备的灵活管控，保证终端与移动存储介质进行数据交换和共享过程中的信息安全。

6. 丰富的安全网络准入控制

支持旁路镜像应用准入、802.1x 认证、Portal 认证、AD 认证和复合认证等多种网络认证技术，适应各种复杂网络环境下的接入部署，支持大型多分支机构网络部署。

7. 完善的安全审计

通过分组、时间、文档类型等多视角、多维度、多层次，对终端文件的操作行为、输出行为、打印行为、光盘刻录行为、邮件收发行为进行完善的审计。

8. 丰富的报表管理

支持对终端安全日志、漏洞修复日志、病毒日志、软硬件变更、审计日志和资产日志等汇总，并进行报表统计。能够从终端、全网、分组等多维度以及图表、数据等多视图角度进行统计与展现，帮助管理员对日常安全防护、安全运维工作进行分析评估。

2.5.2 省级区域中心

安装部署企业级 EDR 系统（终端检测与响应），与其他安全产品展开联动，实现病毒库统一升级、统一查杀，满足终端安全需要。功能同国家级业务中心。

2.5.3 研究所

安装部署企业级 EDR 系统，与其他安全产品展开联动，实现病毒库统一升级、统一查杀，满足终端安全需要。功能同国家级业务中心。

2.5.4 中心站及一般站

需要全部内网、互联网终端安装 EDR 系统，实现终端的安全防护。

第 3 章　业务办公安全

3.1　含义、适用范围

3.1.1　含义

随着信息技术、网络技术、通信技术和数据库技术的不断发展。21 世纪企业之间的竞争不是仅仅在业务质量和服务上竞争，更重要的是借助信息技术、网络技术、通信技术、数据库技术与单位核心业务结合来提高核心竞争力，快速响应业务应用需求，促进单位各机构、各部门、各员工之间的协作能力和随时随地沟通。

利用信息系统处理业务办公让工作更加便捷化，也能显著提高工作效率。目前大多数单位中，业务办公信息系统已得到普遍应用，在得到便利的同时也不能忽视诸多信息系统得安全问题。单位网络环境的安全运行，不仅需要网络安全技术人员为信息系统提供强有力的安全技术保障，每一位接入网络的用户和信息系统的使用人也应遵守国家和本单位网络安全相关管理制度和规定，保障单位网络的接入安全和使用安全。

3.1.2　适用范围

信息安全等级保护的对象是网络基础设施、信息系统、大数据、物联网、云平台、工控系统、移动互联网、智能设备等。

《中国地震局网络安全管理办法》第三十三条规定，计算机终端及外设应当遵循"谁使用，谁负责"的原则。因此接入单位网络的每一个终端其使用人都具有使用和管理责任。

信息安全管理坚持"谁主管谁负责，谁运行谁负责"的原则。信息安全管理组织的主要职责是：制定工作人员守则、安全操作规范和管理制度，经主管领导批准后监督执行；组织进行信息网络建设和运行安全检测检查，掌握详细的安全资料，研究制定安全对策和措施；负责信息网络的日常安全管理工作；定期总结安全工作，并接受公安机关公共信息网络安全监察部门的工作指导。

3.2　法律法规要求与技术标准

3.2.1　法律法规要求（国家、行业）

《中华人民共和国网络安全法》是为了保障网络安全，维护网络空间主权和国家安全、社会公共利益，保护公民、法人和其他组织的合法权益，促进经济社会信息化健康发展，制定的法规。

《中华人民共和国计算机信息系统安全保护条例》第十七条规定，公安机关对计算机信息系统安全保护工作行使下列监督职权：监督、检查、指导计算机信息系统安全保护工作；查处危害计算机信息系统安全的违法犯罪案件；履行计算机信息系统安全保护工作的其他监督职责。

3.2.2　技术标准（国家、行业）

网络安全法明确"国家实行网络安全等级保护制度"（第 21 条）、"国家对一旦遭到破坏、丧失功能或数据泄露，可能严重危害国家安全、国计民生、公共利益的关键信息基础设施，在网络安全等级保护制度的基础上，实行重点保护"（第 31 条）。上述要求为网络安全等级保护赋予了新的含义，重新调整和修订等级保护 1.0 标准体系，配合网络安全法的实施和落地，指导用户按照网络安全等级保护制度的新要求，履行网络安全保护义务的意义重大。

3.3　本行业现状与不足

3.3.1　现状与不足

随着地震业务信息化的发展与普及，网络接入形式越发复杂，接入设备的种类越来越繁多。部分单位缺乏有效的网络接入认证管理手段，存在设备可随意接入网络的情况。

根据等保测评标准边界完整性检查要求（GB/T 22239—2008，7.1.2.4 条）：a) 应能够对非授权设备私自联到内部网络的行为进行检查，准确定出位置，并对其进行有效阻断；b) 应能够对内部网络用户私自联到外部网络的行为进行检查，准确定出位置，并对其进行有效阻断，为网络接入安全建设和运维提供依据。

为加强和规范互联网安全技术防范工作，保障互联网网络安全和信息安全，促进互联网健康、有序发展，维护国家安全、社会秩序和公共利益，公安部发布的关于互联网安全保护技术措施的规定（公安部令第 82 号），要求建立全面、完善的上网行为的合规审查机制，并建立严格的审查权限管理机制。

因此，各单位应在互联网出口部署上网行为审计功能，针对 PC、移动终端等各种应用、APP 进行更有效的识别和管控。

网络用户在日常办公中应遵循本单位网络安全管理办法使用互联网资源，如果从事包含了色情、赌博、反动等不良内容，都属于网络违规违法行为，单位或个人将承担法律责任。

伴随着网盘、社交媒体等应用技术的广泛使用，单位重要数据的泄密风险也越来越高。员工应注意不要将单位内部的敏感信息、高价值信息资产发布到的互联网上，避免给单位的公众形象、业务开展带来严重的风险。

日常办公对信息系统以及计算机终端愈发依赖，信息技术几乎渗透到了日常工作开展的方方面面。地震业务的正常运营，高度依赖于信息系统，而针对其所承载的服务和数据的安全保护就显得尤为重要，如数据的安全性、完整性，终端计算机的可靠性、可用性等方面出现缺陷，将会给业务工作带来不可计量的损失。

面对日益严峻的安全风险，大部分组织机构通过以边界安全网关类设备为基础构建信息系统安全防护体系，并在一定程度上抵御来自外部的攻击，然而内部信息系统是不断变化发展的，系统环境在任何时刻都会呈现开放、共享等特点，不应以孤岛形式存在，外部威胁只是安全风险的一部分，作为办公环境的重要组成，开放的信息系统及办公计算机终端环境将面临更为严峻的内部威胁挑战。正因如此，终端的安全性显得格外重要且又是容易被忽略的安全薄弱环节。

3.3.2　风险危害

随着网络技术的发展，为提升工作效率，业务人员更加依赖互联网与外部的合作伙伴、人员进行沟通和交流，获取资讯和知识。移动办公和云业务的应用也让地震业务的开展更加便利。然而部分网络用户依然存在工作时间从事与工作无关的网络行为，比如聊天、炒股、玩网游、看视频、网购等。除了会严重影响工作效率外，还可能导致网络违规违法行为、敏感信息泄露等问题。

未经授权和认证的网络设备应统一被认定为可能存在安全隐患的终端设备，随意接入单位网络可能会对业务系统带来影响，导致破坏网络边界完整性，使病毒在内网传播蔓延或引入网络攻击等安全威胁。同时，由于违规接入设备追踪位置、责任人等信息难度较大，容易造成部分设备漏管失控，导致在处置网络安全事件时难度增加、危险源阻断不及时等问题。

地震业务终端计算机具有点数多、覆盖面大、难管理等特点，加之终端分布环境复杂，威胁风险事件较多，使信息安全人员对终端安全工作处于被动状态。在终端安全方面，一旦出现病毒感染、恶意破坏传播、数据丢失等事件，将造成严重损失，后果不堪设想。部分员工对计算机的合规使用、对终端安全以及病毒防范的意识和能力参差不齐，会严重影响到计算机信息系统安全性。网络用户应全方位做好信息系统终端安全防护工作，以确保日常办公和业务系统安全、稳定、高效运行。

3.4　具体措施

3.4.1　单位管理层面要求

接入单位网络的终端应进行注册管理，统计计算机的 MAC 地址和 IP 地址，终端使用人应按照单位网络安全管理办法向网络技术部门或管理部门提出申请，经批准后方可接入。

除网络管理人员，其他用户不得以任何方式试图登录网络设备、服务器进行修改、设置及删除操作。

不得随意运行不可靠的程序和代码，在使用中发现疑似电脑病毒的情况，应及时报送网络安全管理部门，并配合技术部门对计算机病毒的分析、检测和处理工作。

对于新购置和维修后的办公电脑、U 盘、移动硬盘等设备和存储介质，应先使用防病毒软件对其进行病毒扫描，经确认安全后方可使用。

3.4.2　单位整体技术层面要求

接入网络后，不得私自更改计算机相关网络配置，包括 IP 地址、MAC 地址、网关、子网掩码、DNS 等；不得私自使用路由器、交换机、HUB 等方式共享网络搭建局域网（有线或无线），若因工作需要临时搭建局域网（有线或无线），应进行申请。

如单位统一配备接入认证系统，应按照准入权限统一接入网络，严禁私自接入。

如单位统一配备防病毒软件，不得随意卸载或关闭防病毒软件，不得更改防病毒软件配置。

网络用户应积极配合单位网络审计工作，不得使用任何手段阻挠、干扰和绕过审计行为。

禁止任何部门或员工以任何名义制造、传播、复制、收集恶意代码。

3.4.3　个人防护要求

严格按照单位网络区域规定限制接入，对于物理隔离或逻辑隔离的网络区域严禁跨区接入（如行业网与互联网），严禁一机两网。

如有临时网络接入需求，应在申请时明确网络接入时限，并在使用完毕后通知网络技术部门及时退网。

接入无线网络时禁止使用 WIFI 密码破解软件，谨防黑客工具窃取隐私信息。

个人应管理好办公室桌面接入设备，谨防陌生人员随意接入，如发现外来人员非法接入单位网络的行为，应及时制止并向网络技术和管理部门报告。

严禁在网吧等不安全公共场所或通过公共无线网络接入单位 VPN 网络，接入前需对电脑进行病毒查杀。

不得将个人或不明硬件接入到办公网络或电脑，捡到 U 盘、光盘、无线网卡、充电宝等设备或数据存储介质不要私自使用。

禁止使用单位网络访问与工作无关的内容，不得访问反动、色情、暴力、赌博等违法网站；不得在工作时间利用互联网从事与工作无关的活动（如网络视频、网络游戏、P2P 下载等）。

不得以单位名义或者单位员工的身份发表个人言论，未经批准，不得在互联网上发布与单位有关的任何信息。

禁止在论坛等公共平台上发布、谈论和传播单位敏感信息。

内网只可用于日常办公，员工不得在内网私自开设代理、电子邮件、论坛、动态 IP 地址分配、网络存储、FTP 等网络服务。

不得使用扫描、探测等黑客类软件攻击破坏其他计算机和应用系统。

如单位统一配备认证系统，需在认证权限内使用网络，严禁越权使用。

网络使用人应保护个人账号的私密性，不得将自己的账号借给他人使用，同时也不得使用他人账号，不得将本单位无线网络密码、内部业务系统口令等敏感信息泄露给他人。

尽量避免使用 teamviewer、向日葵等具有威胁的远程控制软件，如有需要必须使用，将软件升级到最新版本，并在使用期间全程监控，如发现异常行为立即中断，并在使用后关闭，严禁在个人办公主机上长期运行此类软件。

个人计算机终端应安装企业级防病毒软件，开启自动更新功能保证特征库实时升级，并在每1周到2周之内定期查杀恶意程序。

不使用个人商业邮箱传递工作资料，不在网吧等不安全公共场所或通过公共无线网络登录使用工作用邮箱。

不得直接打开、阅读来历不明的电子邮件，对可疑后缀如 . exe、. com、. pif、. scr、. vbs 为后缀的附件文件，不要轻易下载运行。

不轻信陌生人的邮件和即时消息，涉及账号和财务等敏感信息经当面或电话确认后再进行办理。

关闭邮箱自动转发功能，如发现大量可疑邮件或他人登录痕迹，应及时报告网络安全管理部门。

及时更新软件到最新版本，避免因漏洞导致遭受攻击或控制。

计算机软件以及从其他渠道获得的文件，在安装或使用前应进行病毒检测，禁止安装或使用未经检测过的软件。

在计算机系统防火墙中开启安全策略，对常见的 445、135、139 等端口进行全局阻断。

办公计算机中应安装使用正版软件，严禁使用盗版和破解软件。

3.5　典型方案

3.5.1　可信认证接入建议

地震系统网络中存在 PC、服务器、哑终端、IOT 等多种类终端设备。在没有经过可信认证的情况下接入单位网络，可能导致非法终端携带病毒接入导致病毒蔓延、不法分子冒用终端接入网络等问题，造成网络安全隐患提高。同时，对于终端接入网络后的访问权限如不加以区分，会造成不同身份角色对访问权限没有区别管控，网络用户访问了哪些业务系统不可见，出现事故也无法追溯。

建议使用网络准入设备管理终端的接入的可信验证，校验用户身份合法性，确保不可信、不合规、未审批的终端不能接入网络；同时利用接入终端的实名认证信息，在重要的网络边界管控用户访问业务的权限，并记录用户访问业务的行为，以便事后追溯。在确保网络接入环境安全的同时，也满足国家标准 GB/T 22239—2019《信息安全技术　网络安全等级保护基本要求》。

3.5.1.1　接入认证典型方案

表 3.1

控制点	认证方式	适用场景	适用对象
二层接入控制	802.1x 认证	（1）需要交换机配合，且需要安装客户端 （2）未认证前同一个交换机下的 PC 之间也不能互访，管控严格	员工 PC
	MAB 认证	（1）需要交换机配合，不需要安装客户端 （2）未认证前同一个交换机下的 PC 之间也不能互访，管控严格	哑终端 物联网终端 免认证设备
三层接入控制	Portal 认证	（1）交换机镜像数据即可，一般只有核心对三层交换机支持，不需要安装客户端 （2）可支持多种认证方式，密码认证、AD 域认证、短信认证、微信认证、单点登录认证等均可支持 （3）控制点在三层核心交换机上，未认证前，不能上互联网、不能访问业务系统；但核心下面的二层交换机 PC 之间可以互访	员工 PC 物联网终端

网络准入设备在网络接入认证控制中有很多种认证方式可供选择，网络管理人员可根据单位网络安全管理办法需求、用户使用习惯、接入管控细化程度需求进行选择。

基于二层接入的典型认证方式主要有 802.1x 和 MAB 认证。两者在用户端的主要区别为，802.1x 需要在 PC 安装客户端，在没有认证之前数据包无法通过二层交换机，更加适用于对 PC 接入的严格管控。

对于哑终端或是物联网终端可以使用 MAB 认证进行管控，通过对设备 MAC 地址的识别，对于单位希望免认证直接上线的设备也可以采用这种认证方式，实现全网终端方便快捷上线，简单安全入网。

轻量级管控的接入认证可以使用 portal 认证，不需要安装客户端。使用 Web 页面认证，使用方便，减少客户端的维护工作量，便于运营。同时也可以在 Portal 页面上开展业务拓展，如责任公告、单位宣传等。

除了入网控制和终端安全检查，通过准入设备可以实现业务访问安全管理，强调以人为中心业务访问控制，入网只是关键的一步，保障业务安全是最终的目的。①通过业务访问控制，实现基于用户组、用户属性、用户角色、位置、时间等多维度业务访问授权，确保业务访问权限最小化；②通过业务访问审计，实现记录业务访问的所有行为，以及访问行为分析和追溯。通过对接多种用户源，实现统一管理用户，并以服务的方式对外提供 API 接口，可对接多种网络设备，形成全网身份统一管理。

1. 上网行为审计和管理

Web 是互联网上内容最丰富、访问量最大的应用，然而网页内容良莠不齐，充斥许多反动、暴力、色情以及其他不健康的信息；此外，大量网络应用，如 P2P，IM，网络视频、游戏等，也借助 HTTP 协议或者 80 端口，在躲避防火墙封堵的同时，可能也会携带病毒、恶意软件，为内网用户带来安全风险，挤占网络带宽。建议使用上网行为管理设备，通过预分类过滤技术、URL 自动分类引擎以及应用匹配的策略设置，对违反国家法律、危害企业安全的内容进行过滤，避免用户有意无意访问包含非法内容的网页，净化网络，减少病毒进入局域网的概率，降低用户使用网络的风险，创造文明健康的上网环境。

建议将上网行为管理设备串行接入到单位互联网出口，通过桥接或者网关模式，可以实现对接入单位网络用户的身份认证功能，对合法用户放行而拒绝非法使用互联网。同时，结合有效的识别手段，将互联网行为与真实人员关联，便于定位互联网行为的主体。

2. 企业级防病毒软件

建议单位统一部署企业级防病毒软件，在网络中安装管理中心，通过在线安装或者离线安装包的方式为网络中各类终端 PC 安装防病毒客户端。管理中心通过互联网连接到云端的升级服务器进行升级、更新，客户端通过管理中心统一进行升级、更新及策略下发，客户端会根据管理中心下发的安全策略，进行杀毒、更新和漏洞修复等安全操作。可以设定终端是从管理中心更新病毒、补丁库，还是从互联网进行更新。

对于部署在内网中无法连接互联网的管理中心，可使用离线更新工具，定期从云端厂商服务器下载病毒库、木马库、补丁库，利用移动存储介质更新到内网的管理中心，用户的终端仅需要连接到内网管理中心即可进行自动升级和漏洞修复。

第4章 安全物理环境

4.1 含义、适用范围

4.1.1 定义

安全物理环境是对地震行业内部运行重要业务的核心机房提出来的安全控制要求，主要对象为物理环境、物理设备以及物理设施等。

4.1.2 适用范围

管理范围：国家级业务中心、省级区域中心、研究所、监测中心站。

技术范围：安全物理环境涉及的安全控制点包括物理位置选择、物理访问控制、防盗窃和防破坏、防雷击、防火、防水和防潮、防静电、温湿度控制、电力供应以及电磁防护。

4.2 法律法规要求与技术标准

4.2.1 法律法规要求

国家要求：

《中华人民共和国国家安全法》

《中华人民共和国网络安全法》

《中华人民共和国数据安全法》

《中华人民共和国密码法》

《关键信息基础设施安全保护条例》

《网络安全审查办法》

《网络数据安全管理条例》（征求意见稿）

《数据出境安全评估办法》

地震行业要求：

《中国地震局信息化顶层设计》

《中国地震局信息化三年行动方案》

《地震信息化建设管理办法》

《关于加强信息网络运行事件及时报告的通知》

4.2.2　技术标准

国家级标准：

《数据中心设计规范》（GB 50174—2017）

《计算机场地技术条件》（GB 2887—2000）

《计算机场地安全要求》（GB 9361—2011）

《电子信息系统机房施工及验收》（GB 50462—2008）

《信息安全技术 网络安全等级保护基本要求》（GB/T 22239）

行业标准及规范：

《中国地震局网络安全管理办法》

《中国地震局网络安全事件应急预案》

《预警项目集成建设指南》

4.3　本行业现状与不足

4.3.1　现状与不足

现状： 通过九五、十五时期大型基建项目的建设，地震行业已建成包括国家中心、省级区域中心、研究所、地震监测中心站在内的核心数据机房，承载着包括地震监测预报预警、应急响应与处置、震灾风险防治等相关业务。机房的动力设备或者相关的环境设备以及配电设施、消防设施和监控系统的建设是至关重要的，一旦任何的一个子系统出现问题，或者设备出现故障之后，就会直接影响整个系统的运行，甚至也会直接损坏机房的硬件设备，所以带来的影响是非常重要的。

不足： 模块化机房和智能机房概念的引入对于地震行业或者是地震信息化业务系统的发展有着非常重要的意义，而且也使得机房建设的重要性越来越突出。传统机房的建设过程当中，采用的是有人值班的模式，可以定期地进行机房的巡查和设备的检查，但是这样付出了很多的人力资源或者是人力成本，而且单独的通过人进行设备的检查，也有可能会受到巡查人员专业技术水平等限制，所以并不能完全地去解决机房目前所存在的问题。随着模块化机房或者智能机房概念的引入，采用的是机房的集成管理系统，主要利用的是先进的计算机技术和通信技术控制技术，把所有的机房动力设备或者环境设备等集成在一个监控的平台和管理上，可以更清晰直观的去进行监测，实现高效的统一管理，可以最大化去降低人力成本，对于减轻人员的劳动强度或者是提升问题的反应速度，减少机房设备损害也有非常不错的帮助。

4.3.2　风险危害

4.3.2.1　洁净度

室内灰尘落在机体上，可造成洁净度下降，如静电吸附，致使金属接插件或金属接点接触不良，不但会影响设备寿命，而且易造成设备故障。灰尘超标对设备的影响，如图4.1所示。

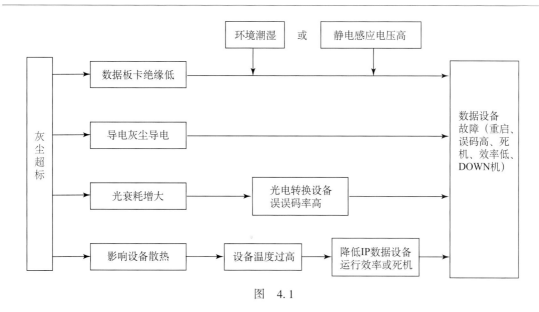

图　4.1

为避免上述情况，可对机房采取如下措施：

（1）地面、墙面、顶棚面采用不起尘的材料。

（2）开向室外的门窗宜设置纱门、纱窗，外窗应具有防尘功能。

（3）定期打扫机房，清洗防尘网（设备）（每月一次）。

（4）注意进入机房前戴鞋套、穿防静电工作服。

4.3.2.2　温度

温度对计算机机房设备的电子元器件、绝缘材料以及记录介质都有较大的影响。温度偏高，易使机器散热不畅，使晶体管的工作参数产生漂移，影响电路的稳定性和可靠性，严重时还可造成元器件的击穿损坏；温度过低，绝缘材料会变硬变脆，使结构强度同样减弱，轴承和机械传动部分所带的润滑油受冷凝结会出现黏滞现象，机器甚至出现脱焊和短路等故障。对记录介质而言，温度过高或过低都会导致数据的丢失或存取故障。

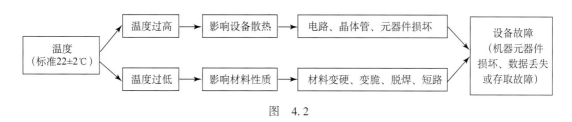

图　4.2

关于机房场地国标 GB 2887—89 计算机站场地技术条件中 4.4.1.3 条规定：开机时机房内的环境温度标准为 A 级 22℃±2℃，B 级 15～30℃，C 级 10～35℃，一般通信机房的标准均应达到 A 级标准。

4.3.2.3　相对湿度及静电感应

当相对湿度过大时，水蒸气在电子元器件或电介质材料表面形成水膜，容易引起电子元器件之间出现形成通路，导致故障；当相对湿度过低时，容易产生较高的静电感应，威胁通信设备安全的同时，在此环境下会对机房运维人员产生静电电压。

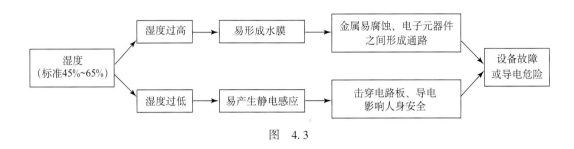

图　4.3

要提高机房设备使用的稳定及可靠性，需将环境的湿度严格控制在特定范围。一般说来，机房内的相对湿度保持在 45%~65% 范围内较为适宜。

4.3.2.4　防雷接地及电磁感应

机房防雷接地的目的主要是为了避免雷电的侵袭，保护机房系统设备和人身安全。机房内的电子设备具有高密度、高速度、低电压、和低功耗等特性，这使其对各种诸如雷电过电压、电力系统操作过电压、静电放电、电磁辐射等电磁干扰非常敏感。为了防止电磁脉冲沿机房电源线进入损坏机房设备，在低压侧各配电柜进线处要设置避雷器。同时接地让电流易于流入大地，对人及设备形成保护。

4.4　具体要求

4.4.1　管理制度建设

应结合单位机房实际建设使用情况，建立管理制度，并加强落实实施。

《机房管理制度》

《值班与交接管理制度》

《网络安全管理办法》

《机房巡检制度》

《数据管理制度》

《机房安全应急预案》

《保密制度》

《设备管理制度》

4.4.2　应急预案

4.4.2.1　门禁系统

1. 门禁门磁

各单位门禁或门磁损坏接到告警后，值班人员应立即通过电话联系厂商，反馈门禁现场损坏状况，并立即对现场采取临时可控式管理，控制人员出入，安排专人对现场实施人防管理，对出入人员严格核实，并及时向机房运维负责人和信息中心分管领导汇报。

2. 现场防范

各单位值班人员严格核实出入机房人员身份，必须严格核实出入人员身份信息，确认是本单位授权人员方可入内，人员进出进行实名登记。

各单位值班人员对不明身份的外来人员采取监控、现场盘查的方法进行管理，发现异常情况立即通知警卫进行协助处理。

3. 视频管控

各单位机房门禁系统失灵后，机房管理部门应立即检查门禁区域视频监控是否正常，必须保障门禁区域视频监控 24 小时工作。

4.4.2.2　火灾应急处置流程

机房发生火灾，应遵照下列原则进行处置：

（1）首先确保在场人员安全。

（2）其次尽量保证关键业务设备、重要业务数据安全。

（3）最后尽量保证通用设备安全。

当火势不能在初期扑灭时，应立即拨打"119"。报警时要做到情绪镇定，详细说明起火地址、电话号码、燃烧部位、燃烧物质等，报警后要安排人前去迎接消防队。

4.4.2.3　水灾应急处置流程

（1）为防发生短路炸毁现象，要立刻采取停电措施，切断总电源派人看守。注意：断电时切勿用手，用绝缘棒或干木头，戴绝缘手套，因为经常会产生巨大电弧发生触电事故。

（2）组织足够人力和资源尽快排水。注意：进、出机房的人员一定要配绝缘鞋和绝缘手套。使用绝缘棒操作，按紧急避险刀闸顺序断开运行中的设备，及时向单位领导报告。在抢险过程中要特别注意设备人身安全隐患，对进出人员进行控制，不能随意打开设备外门，要悬挂标识牌并做好安全措施。

（3）机房排干水后不能急于恢复设备运行，要把总开关的上端通电部分用吹风机烘干，进行足够的通风除湿和干燥措施，检查设备、电缆、变压器等停运设备被淹情况。

（4）安排相关技术人员到现场检测所淹停运设备，对变压器、电缆做绝缘测试，只有检测到确无短路故障及隐患后，才可恢复送电。

（5）配电箱、配电柜如果进水，要用热风筒将箱内各个电器开关、线路等元件逐一吹干，在确保所有的元器件都吹干后，通电并逐一合上各个开关进行测试，试验开关有无损坏。

4.4.3 资料管理

4.4.3.1 维护文档记录

维护工作记录类文档指机房内各种维护工作记录文档，主要包括：

（1）机房出入登记记录。

（2）值班交接班记录。

（3）故障处理记录。

（4）作业计划制定与执行记录。

（5）数据备份记录。

4.4.3.2 机房基础资料

（1）电源引入图（应包含电缆布放及配电设备摆放）。

（2）地线系统图。

（3）机房环境监控系统图。

（4）机房消防系统图。

（5）机房空调与驾驶设备布放图。

4.4.4 机房基础环境指标要求

4.4.4.1 温湿度

表 4.1

项　目	要　求
温　度	15~25℃
相对湿度	30%~70%
温度变化率	<5℃，并不得结露
室内洁净度	10度

4.4.4.2 机房环境

机房应密封、防尘，防静电，防日光直射。

主机房内的噪声，在设备停机条件下应小于68dB（A）。

设备、机架、桌椅等排列有序、整齐，同时要保证设备固定在机架上；机房内地板平整、牢固。

4.4.4.3 机房安全

机房要有专用接地装置，防火、烟感、防水、防盗、防静电等安全设施齐全有效，并有专业人员定期检修、保养。

进出机房的电缆槽道、孔洞应用防火材料封堵，同时具备防鼠、防虫、防水措施。防火门、火灾逃生通道标识规范，且畅通无阻。

按人机分离原则进行机房分区，在人员密集场所，不使用气体灭火装置。机房应制定火灾、水淹及其他重大事故情况下的应急预案和流程，建立消防操作图、灭火流程图，并进行演练。

4.4.4.4　机房动力

机房内电源柜、配电开关、线缆标识清楚、正确。

设备的主用电源，交流电应尽量从不同的电源设备和配电柜上引入，直流应尽量从同一直流电源设备的不同配电柜回路上引入。

机房内选用的电源电缆、配电设备等，应符合国家质量标准和安全标准，机房建设消防系统、应急电源线路等线缆应选用耐火型，其他动力、照明等用户的电缆宜选用阻燃型，同时电源线径应根据国家标准和实际用电电流值正确选定。

机房应设置工作地线、保护地线，交流零线严禁与工作地线和保护地线相接。可参照如表 4.2、表 4.3。

表 4.2

电源线类型	标示	颜色
交流电源线	A 相	黄色
	B 相	绿色
	C 相	红色
	零线	蓝色
直流电源线	正极	红色
	负极	黑色
保护地线		黑色或黄绿色

表 4.3

位置		线缆类型	铜线截面积	备注
机房		接地引入线	≥120mm²	也可以采用 40mm＊4mm 的扁钢
		工作地线	≥95mm²	一般情况下
		保护地线	≥35mm²	一般情况下
机房接地	安全保护接地	接地电阻不应>10Ω		
	直流工作接地	接地电阻不应>4Ω		
	防雷接地	接地电阻不应>10Ω		
监控防雷	前端设备防雷	设备应置于接闪器（避雷针或其它接闪导体）有效保护范围之内		
	传输线路防雷	电源线和信号线应穿金属管屏蔽		
	终端设备防雷	加装串接低压直流避雷保护器		

4.4.4.5 机房配线

机房配线架、光纤槽道的安装方式，应根据机房的规模、安装设备的标准化程度以及设备布置的要求等因素确定。同时，配线架、槽道吊挂的承重应符合设计和规范要求。

不同性质的电缆应分开布放，并应保持一定的距离。在不能避免交越的地方增加保护设施。

光纤布放时，应尽量减少转弯，需转弯时可适当形成圆形，圆形直径应大于 80mm。电缆转弯应均匀圆滑，弯弧外部应保持垂直或水平成直线，电缆转弯的最小曲率半径应大于 60mm。光缆捆绑力度适宜，暂时不用的尾纤，头部应用护套或防尘帽保护，整齐盘绕，用宽绝缘胶带缠在光纤分线盒上。

4.5 机房安全物理环境典型规划建议

核心机房建设应按照承载的业务级别加以区分，如国家级业务中心、省部级业务中心、地市级业务中心等。根据地震业务信息系统使用性质、管理要求及由于场地设备故障导致运行中断的程度，将核心机房划分为 A、B、C 三级。具体定义如下：

4.5.1 国家级业务中心（A 级数据中心机房）

按容错系统配置，在系统运行期间，其场地设施不应因为操作失误、设备故障、外电源中断、维护和检修而导致信息系统运行中断。

4.5.2 省级区域中心（B 级数据中心机房）

按冗余要求配置，在系统运行期间，其场地在冗余能力范围内，不应因设备故障而导致信息系统运行中断。

4.5.3 研究所和地震监测中心站（C 级数据中心机房）

按基本需求配置，在场地设施正常运行情况下，应保证信息系统运行不中断。

第 5 章　安全通信网络

5.1　网络结构安全

网络结构设计在保障信息网络安全的工作中属于需要首先被重点考虑的设计要点，整体网络结构的稳定决定了整个网络框架的安全可靠，可自如应对复杂、变动的网络环境。一般来说对于网络结构的安全能力评估应从可靠性、高效性、冗余性、容错性、可管理性、适应性和低延时性等几个指标进行考量打分，一个具备高安全、风险可控能力的通信网络结构，需要在链路安全、架构安全、边界安全和设备安全等多个层面都做到可以满足高指标的安全性能。

以上述的安全性能为考量指标，结合地震系统对于观测业务、预警业务等关键业务超稳定运行的行业特殊要求，以及例如地震速报、地震预警等各种业务专项服务产出高效、精准、零差错的公共服务要求，在网络结构设计工作中我们主要从以下几点技术要点着手实现稳定可靠的通信网络结构：

5.1.1　链路安全

5.1.1.1　链路冗余接入

主干网络链路必须做到冗余接入，在满足本单位各项业务高峰期需求的基础上合理设计网络带宽，确保主干方向的网络链路稳定。对于地震行业系统各个单位来说，重点保障的网络链路即与中国地震台网中心直连的汇聚骨干链路、与广东省地震局直连的备份链路；对有省内观测业务、数据汇聚业务、本地速报、本地预警、本地应急调度等业务的各省局单位来说，还需要重点关注省内观测站点、市县单位与省局的通信链路，视各单位实际情况，优先保障速报、预警、应急调度等业务的通信链路是冗余接入的，例如各地方的测震观测站点接入专线、预警一般站基准站专线、省局市局专线链路。除行业内网之外，各单位互联网出口因用户访问互联网、视频会议、门户网站等互联网服务需求，对互联网链路也应做到冗余接入，同时考虑到运营商解析、对外映射等网络要求，互联网链路应在做到带宽冗余的同时，接入多运营商互联网链路，保障互联网访问、应用可靠稳定。

5.1.1.2　链路合理分配

网络链路要做到合理利用，避免出现拥塞等状况，影响业务工作正常开展。信息工作者在规划网络链路时，除了考虑带宽大小、带宽拓展、多运营商冗余等各种为保障线路可用量充分的方案之外，还应利用负载均衡设备及网络接入设备的相关配置，设计规划各外联边界网络链路的分配使用策略。例如在互联网出口边界，应配备部署负载均衡设备，信息工作者应根据本单位各业务工作的优先级排序，以及各业务对于网络链路带宽、稳定性等实际应用需求，利用负载均衡设置链路负载策略，合理分配使用互联网出口各网络链路，防止出现链路拥塞等会引起业务工作瘫痪的情况，优先保障关键业务在各种情境下运行。

5.1.1.3　单点用网管控

在保障了各边界接入方向网路链路整体状况健康稳定的基础上，信息工作者还应把链路使用优化工作做细做足，细化到把控限制局域网内每一个入网设备的用网边界。这里我们主要指的是对于互联网方向访问的带宽、流速、应用等限制，因为考虑到互联网方向的日常访问量是最大的，也是最容易出现网络拥塞情况的出口，各地区的行业网方向，例如各省局本地，与各观测站点和市局之间点到点方向多为专线链路，甚至双运营商专线，网络使用情况很固定，极小概率会出现线路拥塞或单用户突然带宽增大，影响其他用户网络使用体验这种情况，因此在这个技术要点上，我们重点设计的是互联网方向网络访问的细化限制。一般情况下，信息工作者可在互联网出口边界上部署上网行为管理设备，并启用相应的细化限制策略，限制每个单点入网设备的互联网方向上下行每秒带宽最大最小值、在上班时间限制使用容易占用带宽过大的应用（例如视频网站、P2P 下载等应用）、不论任何情况下优先保障视频会议的带宽等，达到优化完善整体网络环境的目标，合理限制不同用户、不同应用的带宽分配，保障关键业务可以时刻正常稳定运转。

5.1.2　网络架构安全

纵观全国地震行业系统，全行业的网络架构整体上分为三个层级：国家、省局/直属单位、市县台站。从国家层面来看，行业网的结构可以称为"双星形树状结构"，此处"双星"即指的是两个中心——国家中心和国家备份中心，树状指地震系统中国家—省局—市县台站这种层层级联的网络结构。直属单位由于业务结构较为简单，没有固定站点或市县需要接入的情况，一般仅需要与双中心直连，并通过与台网中心的骨干网实现与其他省局或直属单位之间的网络通信。

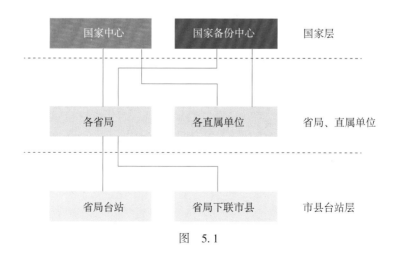

图　5.1

以图 5.1 为基础具体解析这三个层级之间的网络通信，各省局及直属单位之间的网络通信主要通过地震行业骨干网实现（即与国家中心之间的骨干链路），台站访问双中心的通信线路为：台站—省局—国家中心；台站与其他省局或直属单位的通信线路为：台站—省局—国家台网中心—其他省局或直属单位；台站之间互访：单台/中心站—省局—单台/中心站，中心站下联子台则需要再加中心站作为中间通信节点；台站与市县之间通信线路为：台站—省局—市县，市局下联区县与中心站下联子台一样，需要再加市局作为中间通信节点。

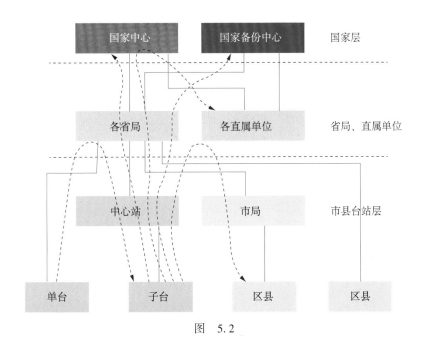

图 5.2

根据地震行业系统内各单位的实际业务量及网络应用需求情况，双中心、各省局及直属单位的局域网框架应采用三层网络架构，包括核心层、汇聚层、接入层，以足够覆盖更大的网络规模，各市局根据其单位内实际业务需要可采用三层，若内部网络结构简单，网元数量少可采用二层网络架构，即核心层和接入层，节省投资成本，亦方便定位故障点，中心站的网络架构多为二层网络架构，观测站点单台、中心站子台，及区县多作为单个接入节点接入行业内网。在建设核心层时，信息工作者应考虑到要建设具备可靠性、高效性、冗余性、容错性、可管理性、适应性、低延时性等特性的核心层，建议采用双机集群/堆叠冗余热备的模式部署，以保障网络核心位置的稳定运行。核心层与汇聚层之间推荐采用 Eth-Trunk 组网，汇聚层亦建议采用双机集群/堆叠的模式，保障链路级的可靠性，并采用三层交换技术根据各区域汇聚层的业务需要配置 VLAN 网段，达到网络隔离分段的目的。

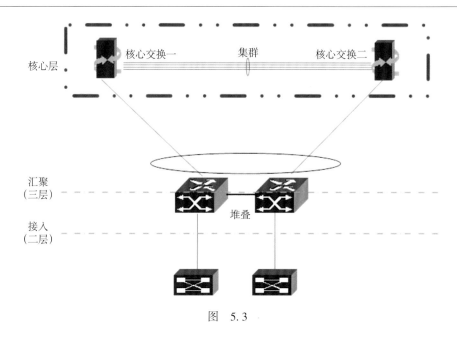

图 5.3

5.1.3 边界安全

5.1.3.1 网络隔离

就地震行业系统整体而言，各级网络节点的网络边界接入一般包括行业网、预警网、应急网、政务内网、政务外网和互联网，为保障各网络区域分工明确、重点业务网络区域纯净，各接入网之间必须做到物理隔离或逻辑隔离，各单位信息工作者可根据本单位实际情况在各网边界处设置安全隔离区并部署隔离交换设备，并配置相关网络隔离策略，采用强隔离措施保护敏感数据安全传输。由于网络隔离交换设备多部署在两网之间的安全隔离区，与各区域核心交换设备连接，对应核心层双机集群部署的方式，隔离交换设备推荐宜采用双机集群模式部署，保障安全隔离区稳定可靠。

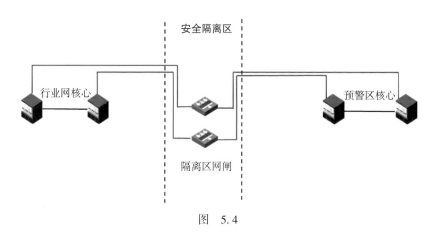

图 5.4

网络隔离是边界安全保障工作中最基础的一环，因此我们在部署隔离交换设备时，应细化配置可接入 IP 地址范围，严格控制设备的访问权限，在日常运维中应对隔离交换设备的运行状况开展周巡检工作，对设备上配置的隔离交换策略开展月巡检、月备份工作，及时删除过期无用的策略。

5.1.3.2　子网、网段划分

在设计给单位局域网网络结构时，应基于业务划分、业务管理及各领域安全工作颗粒度等设计需求预先设计划分出不同的子网或网段，并按照便于管理和控制的原则为各子网、网段分配地址段，方便网络运维和后期网络能力的拓展细化，这好比一个公司一个单位在成立之时就要预设好部门及部门职责、部门内再细分各小组，信息工作者要在设计规划之时就做到对一张网清晰分区、合理管控，各子网各网段各司其职分工明确。

5.1.3.3　安全访问路径

在做好 VLAN 及网段划分之后，各网段间必须设定明确的访问路径边界，不同 VLAN 通过合理配置路由访问路径的方式来建立安全的访问路径，在网络规划工作中，划分 VLAN 的主要目的是隔离广播，缩小广播范围，继而有效地控制局域网内产生广播风暴的风险和范围，提高网络整体的安全性，使得网络管理更简单直观，同时在发生内部网络安全事件攻击时，如果我们通过提前合理配置好了路由、通过对 VLAN 进行 ACL 策略配置控制了各入网设备跨 VLAN 的访问权限，有效控制病毒传播或黑客跳板攻击等事件的扩散，这也是提高整体网络的安全性的有效手段。这就好比在一个单位园区内部，不同的部门需要安排在不同的小园区，或者不同楼层，区域划分清晰避免所有人都挤在同一个空间内杂乱无章。在各部门之间或许楼层互通，或许存在个别敏感部门不允许其他部门，或仅允许其他部门个别人员通过身份鉴定后才可进入，这就可以确保敏感部门（也就是我们网络规划中一般会重点关注的业务 VLAN）的信息财产不易泄露。

5.2　设备安全

在设计规划安全可靠的网络结构时，关键网络设备、安全设备、业务服务器都是支撑一个稳固结构的重要网络单元，往往关键设备节点的故障会引起整个通信网络的瘫痪，业务严重停摆引起重大事故，信息运维的排障工作也负担累累，因此关键设备的运行是否正常稳定也是信息工作者需要慎重考虑的一个工作重点。

5.2.1　关键设备冗余

首先主干网络设备及安全设备的业务处理能力必须具备冗余空间，冗余量的设计规划必须足以满足地震行业速报、应急、预警等业务高峰期时的需要，特别需要考量到地震发生时，核心业务数据处理、信息发布能力、应急调度的需要。此处主干网络设备主要指的是核心层交换机、汇聚层交换机，主干安全设备主要指的是主干线路出口防火墙、互联网出口防火墙、IPS、WAF、负载均衡及汇聚层防火墙等安全设备。在规划单台设备七层、四层流量处理能力冗余空间的同时，还应对主干节点上的网络设备及安全设备做到双机冗余部署，避免发生单点故障时通信能力瘫痪，双机部署的方式可以起到业务处理分摊及故障自动切换等作用。

5.2.2　关键设备策略冗余备份

各单位应基于本单位业务需要，对关键网络设备、安全设备制定相关安全策略开展冗余备份工作，对于主备模式部署的关键设备要保证备机可实时或定时从主机同步设备配置及安全策略配置。在这里信息工作者需要特别注意，尤其在上架部署新购的网络设备、安全设备时，应根据本单位业务的实际应用场景需要，预先规划制定相应的设备冗余、主备切换的测试方案，真实模拟实际切换的网络场景，测试双机热备工作模式是否正常，设备配置、安全策略配置等主备模式实时/定时同步备份功能是否正常。

5.2.3　关键服务器冗余部署

各单位的关键服务器应冗余部署，保障核心业务的运行稳定不间断，在核心服务器故障、被攻击或断网时，可及时启用备机续接。重点业务数据库、服务数据库宜采用灾备技术或分布式存储技术，保障单点数据库故障时不影响业务数据处理工作及服务发布等重点业务工作。在2021年公安部组织的网络安全演练专项行动中，地震系统某省局单位遭到了攻击队由DMZ区入手的网络攻击，攻击队在通过攻击进入DMZ某服务器拿下内网某台服务器主控权之后，继而攻击到该单位测震业务某几台速报服务器。该省局在接到攻击告警通知后，其业务部门工作人员第一时间将被攻击的几台速报服务器断网下线，开展服务器检查清毒及服务器操作日志留存工作，同时立即启用备份速报服务器，保障了核心业务在网络安全攻击事件发生的紧急情况下仍不中断正常运行。

5.3　网络边界安全防护

在网络结构设计之时，我们将局域网所外联的各个接入方向区分为不同的网络区域，对于地震系统而言，一般情况下外部接入网络有行业网（骨干网、广东备份线路、省内台站市县专线等）、应急骨干网、预警骨干网、政务内网、政务外网、互联网。同时根据各单位内部的业务管理需要和安全等级要求，对本单位局域内网又可以划分为不同的网络区域，一般情况下会有互联网接入区、DMZ区/公共服务区、安全管理区、办公区、数据区等，个别区域之下又会细分为不同子区，例如数据区可划分为台网业务区、虚拟化数据服务区、大数据资源区、信息化服务区等等。随着网络区域划分逐渐变得精细精确，各区域之间边界的安全防护工作也需要相应提高防护工作的精度、颗粒度以及维度。

网络边界安全防护的要点不仅在于要做到使每个网络区域不遭受来自外部的攻击入侵，同时还要采用各种防护手段，有效阻断该网络区域内部的入网设备跨越网络边界向外实施攻击。

5.3.1　边界安全防护体系

5.3.1.1　边界安全防护手段

完善的网络安全边界应建立包括边界防护、访问控制、入侵防范、恶意代码和垃圾邮件防范、安全审计及可信验证等内容的安全防护体系，以应对从不同切入点可能采取的网络入侵手段，具备综合全方位的安全防护能力。不同防护手段可针对入侵发生的边界处进行强化部署，例如垃圾邮件防范、入侵防范可在邮件收发、未知数据交互多发的互联网边界采用响应手段进行防范，对于已通过网络隔离手段和配置了精细访问策略的防火墙从而实现的相对简单纯净的行业网、政务内网等区域，此类安全边界防护可根据自身情况不做安排部署；宜在各区域边界均部署防火墙，包括外联接入区域边界及局域网内部重要网络分区边界，做到对跨区域网络流量的访问控制。

5.3.1.2　边界智能联防

可采取沙箱技术或联动防御系统、安全威胁可视、智能分析联动处置等现代化网络安全协防手段，对整网的网络边界安全做到未知威胁抵御和智能联动安全防护，实现对于安全威胁的检测分析并及时处置消除安全风险点。沙箱技术现一般包括系统级沙箱和应用级沙箱两种，主要对未知威胁的检测文件进行动态行为监测和研判，进而判断是否存在威胁。系统级沙箱通过在虚拟机创建操作系统级的全虚拟化运行环境来进行模拟监测，应用级沙箱则是模拟 WEB、Office 等特定的应用程序运行环境，在触发软件运行或打开检测文件后观察其在之后的所有行为模式来判断是否为恶意代码或恶意文件。

5.3.2　边界安全设备

5.3.2.1　常用边界安全设备

常见的必要边界安全设备包括防火墙、WEB 应用防火墙、抗 DDOS、入侵防御、入侵检测、终端准入等，各单位可根据自身需求和实际网络规划情况，在关键边界位置部署相关防护设备，也可在满足设备冗余运行情况下启用设备多项防护功能以达到以一抵多的效果，节省投资成本减轻运维负担。例如抗 DDOS 及入侵防御、入侵检测设备一般在行业局域网区域互联网出口方向及预警区互联网出口方向部署即可，重点防御检测网络环境复杂的互联网访问流量中的安全攻击行为。WEB 应用防火墙多部署于对外发布 WEB 应用服务的 DMZ 区边界出口处。

5.3.2.2　终端准入技术

各单位宜部署终端准入设备建立完善本单位的入网设备审核监管的机制，将用户+IP 地址+设备 MAC 地址通过终端准入设备或网络设备配置绑定策略的方式进行三方绑定，信息工作者由此可对局域网内入网设备的资产信息清晰把握。终端准入设备在部署实施时建议采用主动探测+被动镜像流量扫描的工作方式，建立基于用户的身份认证与网络准入机制，宜具备对于接入网络的资产可视化管理功能，明确网络资产使用用户、检测终端合规性、及时发现并隔离非合规终端。

利用网络准入技术，宜基于"人"+"端"的最小身份单位，实现网络准入的可信验证，做到网络管控范围内，每个 IP 地址对应设备及使用负责人一一对应，有迹可循有责可追。

5.3.2.3　入侵检测与防御

宜采用安全攻击行为模型分析等技术对网络入侵行为进行检测与防御，攻击行为模型库要保证及时更新。

5.3.2.4　防火墙控制策略配置

在配置防火墙访问控制策略时，针对不同区域网络访问需求采用黑名单或白名单技术，例如对于需要严格把控网络访问控制的数据区，在其边界防火墙上应采用白名单技术进行访问控制，即仅放通匹配策略表中允许通过的网络访问，其余一律阻拦；对于网络交互需求本身复杂的办公区，在其边界防火墙上宜采用黑名单技术，即设立全面完善的严格禁止的网络访问，比如禁止非专业人员访问网络设备、禁止非业务人员访问 DMZ 区服务器等，其余网络访问一律放通。

防火墙访问控制策略应尽可能细化至 IP 地址+端口/服务的颗粒度，对所有控制策略宜采用标注统一名称和备注描述信息的方式进行统一管理，每月检查更新访问控制策略，及时停用删除无用的访问控制策略。

5.4　传输加密

在近些年爆发的网络安全事件，以及网络安全攻防演练行动中，窃取网络用户信息、用户密码泄露、撞库破解密码等网络攻击手段已屡见不鲜，网络传输的加密已是安全通信网络中不容忽视的一个环节。等级保护合规的技术要求中也对通信传输的加密工作提出了明确要求：应采用校验技术或密码技术保证通信过程中数据的完整性，应采用密码技术保证通信过程中数据的保密性，可基于可信根对通信设备的系统引导程序、系统程序、重要配置参数和通信应用程序等技术进行可信验证。

传输加密的目的是保障网络通信、数据传输的机密性、完整性、身份验证和其不可否认性。机密性确保仅授权用户可读取相关数据，完整性旨在保护传输数据不被随意窃取、改动，身份验证可确保网络用户确为其声明的网络身份，不可否认性则是记录用户网络行为，防止其否认。

目前网络安全通信技术中常用的几种加密手段有链路加密，即对网络中两个节点间的通信链路进行加密；点对点加密，即在链路加密基础上添加安装加密解密的装备；端对端加密，又称非对称加密，即数据在传输源接受加密，在其传输至目的端的过程中始终以密文形式传输。针对地震系统的行业需求，对网络传输加密主要有以下几点技术要求：

（1）应在网络链路中对网络通信传输用校验技术或密码技术保证通信过程中数据的完整性与保密性，符合等保 2.0 中对通信传输加密的相关要求。

（2）建议对关键业务 web 应用采用安全会接层协议（SSL 协议）技术，实现对客户端和服务器的鉴别，并保障数据传输的完整性和机密性。

（3）建议在自建业务应用系统时对于用户身份信息、密码信息进行加密传输，并采用加密算法对密码信息进行加密存储。在 2021 年公安部组织的网络安全攻防演练工作中，某单位的局域内网数据业务区被攻击队攻击拿下 DMZ 区服务器作为跳板机进入后，数据业务区某服务器上部署多年前建设的一个信息系统，由于该系统建设时间过早，其提供的 web 服务仍采用的是明文传输，该服务器的管理员账户密码被轻松获取继而被拿下作为内网靶机在局域内网发起东西向横向攻击。这警示我们信息技术人员，在借助信息化技术提高行业业务能力的时候，更不能忽视在建设过程中就埋下的安全漏洞。

（4）随着目前国家网络安全技术要求日益提高，如本单位有需要采用 IPSec VPN 及 SSL VPN 功能，宜采用具备国密加密算法的 VPN 设备。

5.5　网络设备安全管理

网络安全设备在配置管理时面临统一的权限设置、密码管理、策略管理等技术要点，是网络安全技术人员在日常工作中每日都要面临的琐碎细致的管理工作，按规定细化安全设备的管理工作有助于在网络安全区域建立起安全可控的隐形防守墙，因此在本小节将对涉及所有网络安全设备的管理要点进行统一整理陈述。

（1）建议建立单独的网络安全管理区，具备集系统管理、审计管理、安全管理和集中管控能力，对全网网络安全设备做到可控可管，并对全网安全日志信息进行统一采集，每月进行日志分析。

（2）建议对网络安全策略变更设立相关审批管理制度，做到对安全策略变更的缘由、办理人员、策略生效失效时间等要素有迹可循。

（3）应关闭所有网络安全防护设备的默认账户，并设立系统管理员、审计管理员、安全管理员三种角色，并通过用户权限设置分配清晰的角色权责，对应用户的密码区分设立，符合本单位密码复杂度的要求（强密码要求密码设定应包括大小写字母、数字和特殊符号，不小于 8 位），并应以最多 3 个月一次的频率更改密码。

（4）对所有边界安全设备所设立的各种角色账户应启用非法登录次数限制功能，设置最大尝试登录数，及登录失败 IP 地址封禁等功能。

（5）对所有网络安全设备宜在设备后台，或通过防火墙、ACL 策略等方式控制可登录设备的 IP 地址范围，如有条件，宜通过部署堡垒机进行最小化管理权限的分配，将操作权限与堡垒机用户、可登录 IP 地址一一对应。

（6）在配置防火墙、web 应用防火墙、入侵防御等边界安全防护类设备，应禁止启用流量全放通的安全策略，防止出现防护拦截类设备形同虚设的情况。

（7）安全设备的管理后台应关闭 http 访问，采用加密 https 访问方式，并设定定时不操作强制下线的连接要求。

（8）关键网络设备、安全设备及关键服务器应采集并留存不少于半年的设备日志，对设备日志应具备安全审计能力。

（9）应对网络安全设备定期进行巡检维护，及时更新设备软件版本。

（10）应在重要安保工作开始前，确保所有安全设备软件版本、规则库升级为最新版本。

（11）根据本单位网络架构实际情况，对网络安全设备上配置的安全策略宜进行冗余备份。

（12）建议购买安全设备原厂或指定授权集成商维保服务，并与维保服务方签订相关保密协议，确保维保人员身份背景可靠。

第6章 通用软硬件安全要求

6.1 身份鉴别

6.1.1 要求

6.1.1.1 安全防护要求

（1）建议采用堡垒机，实现下列管控措施：

①采用堡垒机对运维人员的登录与操作进行管理，确保登录账户的唯一性，并通过堡垒机的密码管理功能实现密码复杂度与定期更换的要求，对用户登录线程实施自动会话超时、登录错误计数（错误次数达到一定数量后锁定账户一段时间）等安全规则。

②对堡垒机的账户登录过程配置双因素认证，其中一种应使用例如 USB 密钥等加密技术。

（2）建议采用 VPN，实现下列管控措施：

①通过互联网远程接入业务系统进行运维管理的运维人员，必须通过 VPN 设备建立加密隧道。

②对 VPN 的账户登录过程配置双因素认证，其中一种应使用例如 USB 密钥等加密技术。

6.1.1.2 通用配置要求

登录流程进行身份标识和鉴别，并确保其密码满足复杂性与定期更换的要求，对用户登录线程实施自动会话超时、登录错误计数（错误次数达到一定数量后锁定账户一段时间）等安全规则。建议对通用软、硬件系统进行配置变更，对运维人员的登陆方式进行统一要求。

6.1.2 安全防护部署建议

1. 堡垒机的部署

堡垒机通常部署于单位内网的安全管理区中，如未划分安全管理区，则可部署于服务器区中。

2. VPN 的部署

VPN 设备通常旁路或串联部署于互联网出口设备后，或旁路部署在核心交换设备上。

6.1.3 操作配置建议

6.1.3.1 安全防护配置

1. 堡垒机配置

应在堡垒机中为每个运维人员建立账户，实现运维人员操作接入的准入功能，并设定密码复杂度与密码过期规则，设定会话自动超时、登录错误计数（错误次数达到一定数量后锁定账户一段时间）等一系列安全规则。

对于堡垒机账户的登录，应使用双因素进行认证，除了账户密码之外，还应配置一种加密认证的方式，例如国际算法（AES、RSA 等）或国密算法（SM1、SM4 等），算法的选择视实际情况而定。

2. 配套网络配置

配合堡垒机的实施，应利用内网防火墙/核心设备的访问控制功能，或被管理设备的登录黑/白名单功能，确保运维人员不可直接登录设备进行运维操作，而只可通过堡垒机跳转登录。

3. VPN 配置

（1）SSL VPN：

①SSL VPN 通常用于单个 PC 终端通过互联网建立加密隧道接入单位内网；应在设备中为每个运维人员建立账户，实施登录认证，并针对其业务需求分配能够访问的内网目标，通常应与堡垒机配合使用。

②对于 VPN 账户的登录认证，建议使用双因素进行认证，除了账户密钥之外，还应配置一种加密认证的方式，例如国际算法（AES、RSA 等）或国密算法（SM1、SM4 等），算法的选择视实际情况而定。

（2）IPSEC VPN：

IPSEC VPN 通常用于单位分支与总部之间建立加密隧道，形成同一个内网的状态；设备应基于业务需求与现状，配置拨号功能。

6.1.3.2 通用配置

应在通用软、硬件系统中为每个运维人员建立账户，并设定密码复杂度与密码过期规则，设定会话自动超时、登录错误计数（错误次数达到一定数量后锁定账户一段时间）等安全规则。

6.2 访问控制

6.2.1 要求

6.2.1.1 安全防护要求

（1）建议采用堡垒机，实现下列管控措施：

①采用堡垒机，基于运维人员的操作需求对其进行账户与权限的分配，不可分配多余的

操作权限。

②在堡垒机中明确标识账户与被管理资源的安全标记,并根据人员职责严格控制账户对资源的访问与操作权限。

(2)建议采用防火墙,实现下列管控措施:

①采用防火墙,对数据通信连接的源地址、目的地址、源端口、目的端口和协议进行检查,以允许/拒绝数据包的进出。

②采用状态检测防火墙,具备根据会话状态信息对进出数据流提供明确的允许/拒绝访问的能力。

(3)建议采用IPS设备,实现下列管控措施:

采用IPS设备,在网络关键节点基于应用协议进行监测与控制。

(4)建议采用数据防泄露系统,实现下列管控措施:

采用数据防泄露系统,在网络关键节点基于应用内容进行监测与控制。

6.2.1.2 通用要求

(1)建议对通用软、硬件系统进行配置变更,基于运维人员的使用需求,进行账户与权限的分配,不可分配多余的使用权限。

(2)建议针对所部署的通用软、硬件系统,应删除或重命名其附带的默认账户(例如Windows系统的Administrator,SQL Server的SA账户等),或将其禁用。

(3)建议对通用软、硬件系统进行变更,明确标识账户与各类资源的安全标记,并根据人员职责严格控制账户对资源的访问与操作权限。(加强项)

(4)建议在通用软、硬件系统中设立专门的授权账户(例如账户管理员或系统管理员),由其具体操作其他账户的权限分配工作。(加强项)

6.2.1.3 管理制度要求

(1)建议订立账户管理制度,明确利用通用软、硬件系统的安全功能,周期性检查内置账户,及时删除多余账户,停用过期账户(例如90天未登录的账户)。

(2)建议订立账户管理制度,明确利用通用软、硬件系统的审计功能,杜绝共享账户的情况。

(3)建议对系统管理员的账户管理工作,应订立二次审核与定期审查的制度;建议订立账户管理制度,对通用软、硬件系统的访问权限,应基于每个运维人员的需求进行配置,访问客体的粒度应达到文件、数据库表级;建议订立风险管理制度,识别重要主体与资产,并严格控制主体对客体的访问权限。

6.2.2 安全防护部署建议

1. 堡垒机的部署

堡垒机通常部署于单位内网的安全管理区中,如未划分安全管理区,则可部署于服务器区中。

2. 防火墙的部署

防火墙通常部署于单位内网的对外出口,或者单位内网中不同安全域之间,基于五元组实施访问控制。

3. IPS 的部署

IPS 设备通常串联部署于单位内网出口设备内侧。

4. 数据防泄露系统的部署

数据防泄露系统通常部署于单位内网出口，或服务器区域出口。

6.2.3　操作配置建议

6.2.3.1　安全防护配置

1. 堡垒机配置

（1）应仅着眼于运维管理人员的使用需求，在堡垒机中为其分配资源的使用权限，不可分配多余的资源。

（2）应对堡垒机账户与资源的命名订立明确的规范，并依照此规范操作，在对账户进行资源授权的过程中，应严格根据账户所有人员的职责进行分配，不可分配多余的操作权限。

2. 防火墙配置

（1）防火墙应部署于内、外网之间，或内网不同安全域之间，启用其访问控制功能，设定默认的拒绝访问规则（any to any deny），并在此基础上对源地址、目的地址、源端口、目的端口和协议进行检查过滤（黑/白名单），设定允许/拒绝的规则。

（2）状态检测防火墙通常无需特别配置，对其路由功能、访问控制功能、地址转换功能进行配置即可，如设备具备应用识别防护、病毒防护等功能，则可根据需要进行开启。

3. IPS 设备配置

应在 IDS 设备中启用应用识别功能，对流经的网络数据流进行实时检测与控制。

4. 数据防泄露系统配置

应在数据防泄露系统中配置与重要数据相关的关键字、信息特征、正则等匹配方式，以监测对重要数据的访问和使用。

6.2.3.2　通用配置

（1）针对在通用软、硬件系统中掌握较大权限的默认管理账户，应采取删除/重命名，或禁用的操作；针对所有的系统默认账户，应修改其默认口令，口令应满足单位的复杂度要求。

（2）应设立技术措施，不允许新建的账户名中含有易于猜测的字段（如 root、Administrator、Admin、abc、使用者姓名及其拼音等）。

（3）应基于不同运维人员的角色，在通用软、硬件系统中建立不同的管理角色与账户（例如系统管理员、系统审计员、账户管理员），并确保不同角色账户之间的权限没有交集。

（4）应仅针对运维人员的使用需求，在系统中为其分配权限，不可分配多余的资源。

（5）应利用通用软、硬件系统的账户管理功能与审计功能，定期（例如每 90 天）出具报表，梳理账户使用情况，人工或自动删除多余账户、禁用过期账户（例如 90 天内未有登录记录的账户）；检查是否存在账户共享的情况，并予以处理。

（6）应对通用软、硬件系统中的账户与资源的命名订立明确的规范，并依照此规范操作，在对账户进行资源授权的过程中，应严格根据账户所有人员的职责进行分配。

（7）应在通用软、硬件系统中设立专门的账户管理员或系统管理员，由其负责对其他账户的权限分配工作，其他任何账户不应有此权限。

6.2.3.3　管理制度修订

（1）应订立账户管理制度，规定定期（例如每 90 天）梳理通用软、硬件系统的账户使用情况，及时删除多余账户、禁用过期账户（例如 90 天内未有登录记录的账户），并杜绝共享账户的情况。

（2）应订立账户管理制度，对通用软、硬件系统的账户管理工作建立二次审核制度（对账户开立、权限分配工作进行二次审核）与定期审查制度（查验各类账户的权限分配情况，可在有必要时进行实地验证）。

（3）应订立账户管理制度，对通用软、硬件系统的访问权限，应基于每个运维人员的使用需求进行配置，而非角色；每个账户能够访问的客体应以文件、数据库表为单位进行配置，而非文件夹、数据库这样的级别。

（4）应订立风险管理制度，包括信息资产管理办法、账号口令及权限管理办法，制度应明确单位内不同角色可访问与操作的信息资产的类别与级别。

6.3　安全审计

6.3.1　要求

6.3.1.1　安全防护要求

采用日志审计系统，实现下列管控措施：

建议采用日志审计系统，对通用软、硬件系统与业务系统的日志进行集中收取与存储，以防对审计记录的篡改、删除或覆盖。

6.3.1.2　通用要求

（1）建议开启所有设备的日志审计功能，审计范围应覆盖所有设备账户的操作行为，及设备所发生的重要安全事件，包括设备所发生事件的日期时间、涉及账户、事件类型、事件结果，及其他与审计相关的信息。

（2）建议对通用软、硬件系统，通过不同管理角色进行审计进程的隔离，以保护审计进程，避免未经授权的中断与篡改。

6.3.2　安全防护部署建议

日志审计的部署：

日志审计系统通常部署于单位内网的安全管理区中，如未划分安全管理区，则可部署于服务器区中。

6.3.3 操作配置建议

6.3.3.1 安全防护配置

日志审计系统配置:

应在日志审计系统中配置各类通用软、硬件系统与业务系统的地址与接收格式,以接收日志进行存储。

6.3.3.2 通用配置

(1) 应通过配置变更,开启通用软、硬件系统的日志审计记录功能,审计范围应包括所有账户的登录登出、配置变更等重要操作行为,以及设备运行过程中所发生的重要事件,包括设备所发生事件的日期时间、涉及账户、事件类型、事件结果,还应包括对设备审计功能的配置变更相关的事件。

(2) 应启用通用软、硬件系统的日志功能,并设置日志转发,转发目的为日志审计系统。

(3) 应在通用软、硬件系统中设立独立的审计管理员角色/账户,独立管理设备的日志审计功能,其他角色/账户不应有审计管理的权限。

6.4 入侵防范

6.4.1 要求

6.4.1.1 安全防护要求

(1) 采用防火墙,实现下列管控措施:

建议采用防火墙,利用其访问控制的功能对需要访问通用软、硬件系统进行管理访问的终端进行限制。

(2) 采用 WAF,实现下列管控措施:

建议采用 WAF 等设备,对向通用软、硬件系统与业务系统提交的数据进行有效性验证,确保通过人机接口或通信接口输入的内容符合系统的设定要求。

(3) 采用漏洞扫描设备,实现下列管控措施:

建议采用漏洞扫描设备,或漏洞扫描服务,以发现通用软、硬件系统中可能存在的已知漏洞。

(4) 采用终端安全防护系统(EDR),实现下列管控措施:

采用终端安全防护系统(EDR),在终端层面对提交数据进行有效性验证,确保通过人机接口或通信接口输入的内容符合系统的设定要求。

建议采用终端安全防护系统(EDR),在终端层面对入侵行为进行监测与防御,并可在发生事件时提供报警。

(5) 采用 IDS 设备,实现下列管控措施:

建议采用 IDS 设备,在网络关键节点对入侵行为进行监测,并可在发生事件时提供报警。

6.4.1.2　通用要求

建议利用通用软、硬件系统的访问黑、白名单功能，屏蔽不合规的管理访问需求。

建议通用软、硬件系统仅安装需要的功能组件与应用程序，关闭或删除与业务无关的系统服务，关闭默认共享与高危端口。

6.4.1.3　管理制度要求

应订立漏洞管理制度，明确定义包括周期性的漏洞发现，及后续的漏洞验证评估、修复、回退、测试、关闭等一系列措施。

6.4.2　安全防护部署建议

1. 防火墙的部署

防火墙通常部署于单位内网的对外出口，或者单位内网中不同安全域之间，以起到安全隔离与访问控制的功能。

2. WAF 的部署

WAF 通常部署于各类业务系统服务器的前端，以保护业务系统。

3. 漏洞扫描设备的部署

漏洞扫描设备通常部署于安全管理区，如未划分安全管理区，则可部署于服务器区中。

4. 配套网络配置

如漏洞扫描设备与被扫描目标资产之间存在安全防护设备（如防火墙、IPS、WAF 等），则需在防护设备中为漏洞扫描设备开启白名单。

5. EDR 的部署

EDR 通常以客户端形式部署于各类业务系统的服务器与终端中，并在安全管理区部署中心管理端。

6. IDS 的部署

IDS 设备通常旁路部署于单位内网主要交换设备上，以接收所有需要进行检测的网络数据流。

6.4.3　操作配置建议

6.4.3.1　安全防护配置

1. 防火墙配置

防火墙应部署于内、外网之间，或内网不同安全域之间，其访问控制应基于业务需求进行访问控制白名单的设置，并设定默认的拒绝访问规则（any to any deny），同时可利用防火墙的地址转换功能，隐藏业务系统或关键软、硬件系统的地址，以减少暴露风险。

2. EDR 配置

EDR 应启用内容有效性验证相关的防护功能，并下发规则到客户端，以防止向通用软、硬件系统提交的内容中含有攻击性风险。

EDR 系统应启用入侵检测功能，为所在终端提供防护，以发现可能的入侵行为，并提供报警。

3. WAF 配置

WAF 应开启内容有效性验证相关的防护功能，以防止向通用软、硬件系统提交的内容中含有攻击性风险。

4. 漏洞扫描设备配置

漏洞扫描设备部署于安全管理区或服务器区中，可访问通用软、硬件系统与业务系统服务器的全部网络端口，以发现可能存在的已知漏洞。

5. 配套网络配置

如漏洞扫描设备与被扫描目标资产之间存在安全防护设备（如防火墙、IPS、WAF 等），则需在防护设备中为漏洞扫描设备开启白名单。

6. IDS 配置

IDS 设备应启用入侵检测功能，对交换设备输送来的所有网络数据流进行实时检测，以发现可能的入侵行为，并提供报警。

6.4.3.2　通用配置

在通用软、硬件系统的安装或配置过程中，应仅安装业务所需的组件或应用程序，删除或关闭与业务无关的系统组件与服务，关闭默认共享与高危端口，以减少风险暴露面。

应利用通用软、硬件系统提供的访问黑名单/白名单功能，仅允许正当管理/业务需求的访问，以减少暴露风险。

6.4.3.3　管理制度修订

应订立漏洞管理制度，明确定义包括周期性或突发性的漏洞发现，及后续的漏洞验证评估、修复、回退、测试、关闭等一系列措施。

6.5　恶意代码防范

6.5.1　要求

6.5.1.1　安全防护要求

采用终端安全防护系统（EDR），实现下列管控措施：

建议采用终端安全防护系统（EDR），在终端层面对恶意代码进行监测与防御，其规则库应定期（例如每天/每周）进行更新。

6.5.2　安全防护部署建议

EDR 的部署：

EDR 通常以客户端形式部署于各类业务系统的服务器与终端中，并在安全管理区部署中心管理端。

6.5.3　操作配置建议

6.5.3.1　安全防护配置

EDR 配置：

EDR 系统应启用恶意代码防御功能，并为其特征库设定升级周期，为所在终端提供防护，在发现恶意代码时能主动响应并阻断。

6.6　数据完整性

6.6.1　要求

6.6.1.1　安全防护要求

（1）采用 VPN 设备，实现下列管控措施：

建议采用 VPN 设备的加密技术，确保重要数据在传输过程中的完整性。

（2）采用日志审计设备，实现下列管控措施：

建议对日志审计等审计类设备，应对其存储的审计数据采用加密技术后再进行存储，以确保重要审计数据在存储过程中的完整性。

6.6.1.2　通用要求

建议对通用软、硬件系统进行配置变更，采用加密协议（例如 HTTPS、SSH）进行通讯传输；采用密码加密技术对传输数据进行加密，确保重要数据在传输过程中的完整性；数据应包括但不限于鉴别数据、重要业务数据、重要审计数据、重要配置数据、重要视频数据和重要个人信息等。

6.6.2　安全防护部署建议

6.6.2.1　VPN 的部署

VPN 设备通常旁路或串联部署于互联网出口设备后，或旁路部署在核心交换设备上。

6.6.2.2　日志审计的部署

日志审计系统通常部署于单位内网的安全管理区中，如未划分安全管理区，则可部署于服务器区中。

6.6.3　操作配置建议

6.6.3.1　安全防护配置

1. VPN 配置

（1）SSL VPN：

通常用于单个 PC 终端通过互联网接入单位内网；应在 SSL VPN 设备中为每个运维人员

建立账户，实施登录认证，并针对其业务需求分配能够访问的内网目标，VPN 设备采用国际/国密加密技术，对通讯数据进行加密，确保重要数据在传输过程中的完整性。

（2）IPSEC VPN：

通常用于单位总部与分支之间建立加密隧道，形成同一个内网的状态；应基于业务需求与现状，配置拨号功能，设备采用国际/国密加密技术，对通讯数据进行加密，确保重要数据在传输过程中的完整性。

2. 日志审计系统配置

应在日志审计系统等设备中配置所存储审计数据的加密功能，以确保其中审计数据的完整性。

6.6.3.2 通用配置

应对通用软、硬件系统进行配置变更，确保运维人员使用加密协议（例如 SSH）进行管理访问，确保重要数据在传输过程中的完整性。

6.7 数据保密性

6.7.1 要求

6.7.1.1 安全防护要求

采用 VPN 设备，实现下列管控措施：

建议采用 VPN 设备的加密技术，确保重要数据在传输过程中的保密性。

6.7.1.2 通用要求

建议对通用软、硬件系统进行配置变更，采用加密协议（例如 HTTPS、SSH）进行通讯传输，采用密码加密技术对传输数据进行加密，确保重要数据在传输过程中的保密性。

6.7.2 安全防护部署建议

VPN 的部署：

VPN 设备通常旁路或串联部署于互联网出口设备后，或旁路部署在核心交换设备上。

6.7.3 操作配置建议

6.7.3.1 安全防护配置

VPN 配置：

（1）SSL VPN：

通常用于单个 PC 终端通过互联网接入单位内网；应在 SSL VPN 设备中为每个运维人员建立账户，实施登录认证，并针对其业务需求分配能够访问的内网目标，VPN 设备采用国际/国密加密技术，对通讯数据进行加密，确保重要数据在传输过程中的保密性。

（2）IPSEC VPN：

通常用于单位分支与总部之间建立加密隧道，形成同一个内网的状态；应基于业务需求与现状，配置拨号功能，设备采用国际/国密加密技术，对通讯数据进行加密，确保重要数据在传输过程中的保密性。

6.7.3.2　通用配置

应对通用软、硬件系统进行配置变更，确保运维人员使用加密协议（例如 SSH）进行管理访问，确保重要数据在传输过程中的保密性。

6.8　剩余信息保护

6.8.1　要求

6.8.1.1　管理制度要求

建议订立风险管理制度，包括信息资产管理办法，明确信息资产的分类分级标准，明确信息资产的敏感程度。

6.8.2　操作配置建议

6.8.2.1　管理制度修订

应订立风险管理制度，包括信息资产管理办法，明确信息资产的分类分级标准，明确信息资产的敏感程度。

6.9　个人信息保护

6.9.1　要求

6.9.1.1　安全防护要求

（1）采用数据防泄露系统，实现下列管控措施：

建议采用数据防泄露系统，对违规访问与使用敏感个人信息的行为进行监测与阻断。

（2）采用数据脱敏系统，实现下列管控措施：

建议采用数据脱敏系统，对业务系统开发与测试过程中需要使用的敏感个人信息进行脱敏处理，避免敏感个人信息被随意使用，产生泄露的风险。

6.9.1.2　管理制度要求

建议订立相关制度，明确应仅采集和保存业务必需的敏感个人信息。

建议订立相关制度，明确禁止违规访问和使用敏感个人信息。

6.9.2　安全防护部署建议

6.9.2.1　数据防泄露系统的部署

数据防泄露系统通常部署于单位内网出口，或服务器区域出口。

6.9.2.2　数据脱敏系统的部署

数据脱敏系统通常部署于服务器区与开发测试区之间。

6.9.3　操作配置建议

6.9.3.1　安全防护配置

1. 数据防泄露系统配置

应在数据防泄露系统中配置与敏感个人信息相关的关键字、信息特征、正则等匹配方式，以监测对个人信息的访问和使用。

2. 数据脱敏系统配置

应对数据脱敏系统配置合适的脱敏算法，以便于需要从业务数据库中抽取敏感个人信息时，可对其进行脱敏，同时还可保持信息的使用特征与关联性。

6.9.3.2　管理制度修订

应订立风险管理制度，包括个人信息管理办法，明确业务系统所需采集和存储的个人信息的种类；管理办法还应规定周期，定期审查系统存储的个人信息是否超出需求范围。

应订立风险管理制度，包括个人信息管理办法，明确对敏感个人信息的保护制度与流程。

第7章 云平台安全要求

涉及建设运行云平台、虚拟化等基础计算平台的，在第6章通用软硬件安全要求基础上，应结合本章云平台防护扩展要求进行相关防护。

7.1 身份鉴别

7.1.1 要求

7.1.1.1 安全防护要求

（1）建议采用堡垒机，实现下列管控措施：

采用堡垒机对运维人员的登录与操作进行管理，确保登录账户身份的唯一性，并通过堡垒机的密码管理功能实现密码复杂度与定期更换的要求，对登录线程实施自动会话超时、登录错误计数（错误次数达到一定数量后锁定账户一段时间）等安全规则。

（2）建议采用VPN，实现下列管控措施：

通过互联网远程接入业务系统进行运维管理的人员，必须通过VPN设备建立加密隧道。

7.1.2 安全防护部署建议

1. 堡垒机的部署

堡垒机可部署于云平台的安全管理区中。

2. VPN的部署

VPN设备可部署于云平台的安全管理区中。

7.1.3 操作配置建议

7.1.3.1 安全防护配置

1. 堡垒机配置

应在堡垒机中为每个运维人员建立运维账户，实现操作接入的准入功能，设定密码复杂度与密码过期规则，并对登录线程实施自动会话超时、登录错误计数（错误次数达到一定数量后锁定账户一段时间）等安全规则。

2. 配套网络配置

配合堡垒机的实施，应利用内网防火墙/核心设备的访问控制功能，或被管理设备的登录黑/白名单功能，确保运维人员无法直接登录设备进行操作，而只可通过堡垒机跳转登录。

3. VPN 配置

（1）SSL VPN：

SSL VPN 通常用于单个 PC 终端通过互联网建立加密隧道接入单位内网；应在设备中为每个运维人员建立账户，实施登录认证，并针对其业务需求分配能够访问的内网目标，通常应与堡垒机配合使用。

（2）IPSEC VPN：

IPSEC VPN 通常用于在单位总部与分支之间建立加密隧道，形成同一个内网的状态；设备应基于业务现状与需求，配置拨号功能。

7.2 访问控制

7.2.1 要求

7.2.1.1 安全防护要求

对于云环境，建议采用分布式防火墙，实现下列管控措施：

（1）采用分布式防火墙系统，在云平台的每个物理服务器中部署，确保当虚拟机迁移时，访问控制策略随其迁移。

（2）在分布式防火墙系统的管理端中为每个云平台客户开立账户，便于客户设置其管理的不同虚拟机之间的访问控制规则。

7.2.2 安全防护部署建议

分布式防火墙的部署：

分布式防火墙系统通常部署于云平台的每个物理服务器上，并在云平台的安全管理区内部署一个管理端。

7.2.3 操作配置建议

7.2.3.1 安全防护配置

1. 分布式防火墙系统配置

应在云平台的每个物理服务器上进行部署，并在管理端中针对虚拟服务器配置访问控制规则。

应在部署的分布式防火墙系统中为每个云平台客户开立管理账户，以便于客户在其管理的虚拟机之间设置访问控制规则。

2. 配套云平台配置

应在云平台中配置数据引流规则，使业务数据可通过分布式防火墙的过滤，再传输到虚拟服务器。

7.3　入侵防范

7.3.1　要求

7.3.1.1　安全防护要求

（1）采用终端安全防护系统（EDR），实现下列管控措施：

建议采用终端安全防护系统（EDR），对虚拟机进行恶意代码防护，可监测并阻断恶意代码在虚拟机之间的蔓延，并进行告警。

（2）采用主机管理系统，实现下列管控措施：

建议采用主机管理系统，对虚拟主机的上线情况进行实时监控，如发现违规新建虚拟机或者重新启用已删除虚拟机，可进行告警。

7.3.1.2　通用要求

（1）建议要求云平台供应商对系统进行更新，为云平台增加客户隔离技术监测机制，如发生隔离失效，应能够发出警告。

（2）建议要求云平台供应商对系统进行更新，增加虚拟机活动技术监测机制，如发现违规新建虚拟机或者重新启用已删除虚拟机，可进行告警。

7.3.2　安全防护部署建议

1. EDR 的部署

EDR 通常以客户端形式部署于各类业务系统的服务器与终端中，并在云平台的安全管理区部署中心管理端。

2. 主机管理系统的部署

主机管理系统通常以客户端形式部署于云平台的虚拟机中，并在云平台的安全管理区部署中心管理端。

7.3.3　操作配置建议

7.3.3.1　安全防护配置

1. EDR 配置

在云环境中，建议在终端安全防护系统（EDR）中启用恶意代码防护功能，可检测并阻断恶意代码在虚拟机之间的蔓延，并产生告警。

2. 主机管理系统配置

应启用主机管理系统的客户端上线监测与告警功能，对虚拟主机的上线情况进行实时监控，如发现违规新建虚拟机或者重新启用已删除虚拟机，可进行告警。

7.3.3.2　通用配置

（1）应要求云平台供应商对系统进行更新，为云平台增加客户隔离的技术监测机制，如发生隔离失效，应能够发出警告。

（2）应要求云平台供应商对系统进行更新，增加虚拟机活动的技术监测机制，如发现违规新建虚拟机或者重新启用已删除虚拟机，可进行告警。

7.4 数据完整性和保密性

7.4.1 要求

7.4.1.1 安全防护要求

建议采用密钥管理系统，实现下列管控措施：

建议在云平台中部署一套加密密钥管理系统，作为可选服务提供，客户可根据需要选购，为其业务系统实施数据的加解密。

7.4.1.2 通用要求

（1）建议要求云平台供应商对系统进行更新，在客户新建虚拟机、镜像、快照、挂载数据存储的过程中，提供不同的地理位置供其选择数据落地；并在管理后台页面中显示客户虚拟机、镜像、快照、挂载数据存储等内容存储的地理位置。

（2）建议要求云平台供应商对系统进行更新，在技术层面增加一个授权环节，确保只有经过云平台客户的授权，云服务商或第三方才能够访问管理客户数据。

（3）建议要求云平台供应商对系统进行更新，增加虚拟机镜像的完整性校验模块，并在客户管理后台页面中明示校验码。

（4）建议要求云平台供应商对系统进行更新，增加虚拟机迁移/漂移验证功能，确保云平台在虚拟机发生迁移/漂移后，将自动对其进行完整性校验，并将校验结果显示在客户管理后台页面中。

（5）建议要求云平台供应商对系统进行更新，增加多副本功能，云平台至少应在同一个集群的不同物理机内保存多个虚拟机镜像副本，在镜像完整性受到破坏时可供恢复使用。

7.4.2 安全防护部署建议

加密密钥管理系统作为云平台的增值服务，通常建议部署于云平台的公共区域中，可供客户选购调用。

7.4.3 操作配置建议

7.4.3.1 安全防护配置

加密密钥管理系统配置：

应在云平台中部署一套完整的加密密钥管理系统（如 CA 系统），作为可选服务向客户提供，客户可根据需要选购，作为其数据存储或传输的加密基础设施进行使用。

7.4.3.2 通用配置

（1）应要求平台供应商对系统进行更新，在客户新建虚拟机、镜像、快照、挂载数据存储的过程中，提供不同的地理位置供其选择数据落地；并在管理后台页面中显示虚拟机、镜像、快照、挂载数据存储等内容的存储地理位置。

（2）应要求平台供应商对系统进行更新，在技术层面增加一个授权环节，确保只有经过云平台客户的授权，云服务商或第三方才能够访问管理客户数据。

（3）应要求云平台供应商对系统进行更新，增加虚拟机镜像的完整性校验模块，并在客户管理后台页面中明示校验码，便于客户随时核对；增加虚拟机迁移/漂移验证功能，确保云平台在虚拟机发生迁移/漂移后，将自动对其进行完整性校验，并将校验结果显示在客户管理后台页面中；增加多副本功能，云平台至少应在同一个集群的不同物理机内保存多个虚拟机镜像副本，在镜像完整性受到破坏时可供恢复使用。

7.5　剩余信息保护

7.5.1　要求

7.5.1.1　通用要求

（1）建议要求云平台供应商对系统进行更新，确保虚拟机回收/删除后，内存与存储中应完全清除。

（2）建议要求云平台供应商对系统进行更新，确保虚拟机、快照、挂载的数据存储在被删除时，所有的副本都应被删除。

7.5.2　操作配置建议

7.5.2.1　通用配置

（1）应要求云平台供应商对系统进行更新，确保虚拟机回收/删除后，内存与存储中应完全清除，回收空间（回收站等）中也应提供“彻底删除”功能，删除结果应在客户管理后台中可被查验。

（2）应要求云平台供应商对系统进行更新，确保虚拟机、快照、挂载的数据存储在被删除时，所有的副本都应被删除，回收空间（回收站等）中也应提供“彻底删除”功能，删除结果应在客户管理后台中可被查验。

7.6　数据备份恢复

7.6.1　要求

7.6.1.1　通用要求

（1）建议要求云平台供应商对系统进行更新，为云平台增加业务数据导出功能/接口，便于客户在其本地备份数据。

（2）建议要求云平台供应商对系统进行更新，增加数据（包括虚拟机、快照、挂载存储数据等）物理位置查询功能，便于客户查找了解其数据所存储的真实位置。

（3）建议要求云平台供应商对系统进行更新，增加多副本功能，至少在同一个集群的不同物理机内保存多个虚拟机镜像副本，在镜像完整性受到破坏时可供恢复使用。

（4）建议要求云平台供应商对系统进行更新，提供面向其他常见云平台与本地系统的迁移接口。

7.6.1.2　管理制度要求

建议订立云平台运行维护制度，如遇客户有平台迁移的需求，应给予技术协助。

7.6.2　操作配置建议

7.6.2.1　通用配置

（1）应要求平台供应商对系统进行更新，为云平台增加业务数据导出功能/接口，包括虚拟机镜像、快照、虚拟机中的业务数据等，便于客户在其本地备份数据。

（2）应要求云平台供应商对系统进行更新，增加数据（包括虚拟机、快照、挂载存储数据等）物理位置查询功能，便于客户查找了解其数据所存储的真实位置。

（3）应要求云平台供应商对系统进行更新，增加多副本功能（副本数量可供客户进行选购），至少在同一个集群的不同物理机内保存多个虚拟机镜像副本，在镜像完整性受到破坏时可供恢复使用。

（4）应要求云平台供应商对系统进行更新，提供面向其他常见云平台与本地系统的迁移接口或导出功能。

7.6.2.2　管理制度要求

应订立云平台运行维护制度，如遇客户有平台迁出的需求，应给予技术协助。

7.7　镜像和快照保护

7.7.1　要求

7.7.1.1　通用要求

（1）建议要求云平台供应商对系统进行更新，为云平台增加虚拟机镜像的完整性校验模块，并在客户管理后台页面中明示校验码。

（2）建议要求云平台供应商对系统进行更新，对虚拟机镜像与快照文件实施加密存储；细化云平台管理权限的划分，对虚拟机镜像与快照文件的访问读取权限应受到严格限制，访问记录应予以记录，以备审计。

7.7.1.2　管理制度要求

（1）建议订立云平台运行维护制度，明确设置周期性，或在遇到紧急状况时，对云平台中的操作系统进行加固。

（2）建议可与云平台客户订立服务协议，为其提供操作系统安全加固服务。

7.7.2　操作配置建议

7.7.2.1　通用配置

（1）建议要求云平台供应商对系统进行更新，为云平台增加虚拟机镜像的完整性校验模块，并在客户管理后台页面中明示校验码，便于客户随时核对。

（2）应要求平台供应商对系统进行更新，对虚拟机镜像与快照文件实施加密存储；细化云平台管理权限的划分，严格限制对虚拟机镜像与快照文件的访问读取权限，访问记录应予以记录，以备审计。

7.7.2.2　管理制度修订

（1）应订立云平台运行维护制度，明确周期性，或在遇到紧急安全事件时，对云平台中运行的操作系统进行安全加固，加固的内容包括而不限于漏洞补丁、系统组件与服务的增删改、系统高危端口的关闭等内容。

（2）制度同样应明确，可根据云平台客户的个性化需求，对操作系统进行加固，并与客户订立协议提供服务。

第8章 应用软件安全要求

8.1 身份鉴别

8.1.1 要求

8.1.1.1 通用要求

建议由专业人员定期对业务系统进行安全评估，系统需对业务人员的登录流程进行身份标识和鉴别，确保其密码满足复杂性与定期更换的要求，并对登录线程实施自动会话超时、登录错误计数（错误次数达到一定数量后锁定账户一段时间）等安全规则，如未满足要求，应进行相应整改或弥补。

8.1.2 操作配置建议

8.1.2.1 通用配置

应由专业人员定期对业务系统的身份鉴别措施进行安全评估，需确保在应用系统中为每个业务人员建立账户，设定密码复杂度与密码过期规则，设定会话自动超时、登录错误计数（错误次数达到一定数量后锁定账户一段时间）等安全规则，如未满足要求，则应由专业人员提供整改或弥补建议。

8.2 访问控制

8.2.1 要求

8.2.1.1 通用要求

（1）建议由专业人员定期对业务系统进行安全评估，业务系统应基于业务人员的使用需求进行账户与权限的分配，不可分配多余的使用权限，如未满足要求，应进行相应整改或弥补。

（2）建议由专业人员定期对业务系统进行安全评估，业务系统中不应允许新建的账户名中含有易于猜测的字段（如 root、Administrator、Admin、abc、使用者姓名及其拼音等），如未满足要求，应进行相应整改或弥补。

（3）建议由专业人员定期对业务系统进行安全评估，确保业务系统中明确标识账户与

各类资源的安全标记，并根据人员职责严格控制账户对资源的访问与操作权限，如未满足要求，应进行相应整改或弥补。（加强项）

（4）建议由专业人员定期对业务系统进行安全评估，确保业务系统中应有专门的授权账户（例如账户管理员或系统管理员）具体操作其他账户的权限分配工作，如未满足要求，应进行相应整改或弥补。（加强项）

8.2.1.2　管理制度要求

（1）建议订立账户管理制度，并利用业务系统的安全功能，周期性检查内置账户，及时删除多余账户，停用过期账户（例如 90 天未登录的账户）。

（2）建议订立账户管理制度，并利用业务系统的审计功能，杜绝共享账户的情况。

（3）建议对系统管理员的账户管理工作，应订立二次审核与定期审查的制度。（加强项）

（4）建议订立账户管理制度，对业务系统的访问权限，应基于每个业务人员的使用需求进行配置，访问客体的粒度应达到文件、数据库表级。（加强项）

（5）建议订立风险管理制度，识别重要主体与资产，并严格控制主体对客体的访问权限。（加强项）

8.2.2　操作配置建议

8.2.2.1　通用配置

（1）应由专业人员定期对业务系统的访问控制措施进行安全评估，确保针对在业务系统中掌握较大权限的默认管理账户，应采取删除/重命名，或禁用的操作；针对所有的系统默认账户，应修改其默认口令，口令应满足单位的复杂度要求，如未满足要求，则应由专业人员提供整改或弥补建议。

（2）应由专业人员定期对业务系统的访问控制措施进行安全评估，确保应用系统中包含技术措施，不允许新建的账户名中含有易于猜测的字段（如 root、Administrator、Admin、abc、使用者姓名及其拼音等），如未满足要求，则应由专业人员提供整改或弥补建议。

（3）应由专业人员定期对业务系统的访问控制措施进行安全评估，确保基于业务人员的角色在业务系统中建立不同的管理角色与账户（例如系统管理员、系统审计员、账户管理员），确保不同角色账户之间的权限没有交集，如未满足要求，则应由专业人员提供整改或弥补建议。

（4）应由专业人员定期对业务系统的访问控制措施进行安全评估，确保业务系统仅针对业务人员的使用需求为其分配权限，不可分配多余的资源，如未满足要求，则应由专业人员提供整改或弥补建议。

（5）应由专业人员定期对业务系统的访问控制措施进行安全评估，业务系统需具备账户管理功能与审计功能，能够定期（例如每 90 天）出具报表，梳理账户使用情况，人工或自动删除多余账户、禁用过期账户（例如 90 天内未有登录记录的账户），检查是否存在账户共享的情况，并予以处理，如未满足要求，则应由专业人员提供整改或弥补建议。

（6）应由专业人员定期对业务系统的访问控制措施进行安全评估，确保对业务系统账户与资源的命名订立了明确的规范，并在实际操作中依照此规范操作，在对账户进行资源授权的过程中，应严格根据账户所有人员的职责进行分配，如未满足要求，则应由专业人员提供整改或弥补建议。

（7）应由专业人员定期对业务系统的访问控制措施进行安全评估，确保在业务系统中设立专门的账户管理员或系统管理员，由其负责对其他账户的权限分配工作，其他任何账户不应有此权限，如未满足要求，则应由专业人员提供整改或弥补建议。（加强项）

8.2.2.2　管理制度修订

（1）应订立账户管理制度，规定定期（例如每 90 天）梳理业务系统的账户使用情况，及时删除多余账户、禁用过期账户（例如 90 天内未有登录记录的账户），并杜绝共享账户的情况。

（2）应订立账户管理制度，对业务系统的账户管理工作建立二次审核制度（对账户开立、权限分配等账户管理相关工作进行二次审核）与定期审查制度（查验各类账户的权限分配情况，可在有必要时进行实地验证）。

（3）应订立账户管理制度，对业务系统的访问权限，需基于业务人员的使用需求进行配置，而非角色；账户能够访问的客体应以文件、数据库表为单位进行配置，而非文件夹、数据库这样的级别。

（4）应订立风险管理制度，包括信息资产管理制度与账户管理制度，制度应明确单位内不同角色可访问与操作的信息资产的类别与级别。

8.3　安全审计

8.3.1　要求

8.3.1.1　通用要求

（1）建议由专业人员定期对业务系统进行安全评估，业务系统需配备日志审计功能，审计范围应覆盖所有账户的操作行为，及设备所发生的重要安全事件，包括设备所发生事件的日期时间、涉及账户、事件类型、事件结果，及其他与审计相关的信息，如未满足要求，应进行相应整改或弥补。

（2）建议由专业人员定期对业务系统进行安全评估，业务系统中的审计进程需通过不同管理角色进行隔离，以保护审计进程，避免未经授权的中断与篡改，如未满足要求，应进行相应整改或弥补。

8.3.2　操作配置建议

8.3.2.1　通用配置

（1）应由专业人员定期对业务系统的审计措施进行安全评估，应用系统需具备日志审计功能，并对该功能进行启用，审计范围应包括所有账户的登录登出、配置变更等重要操作行为，以及设备运行过程中所发生的重要事件，包括设备所发生事件的日期时间、涉及账户、事件类型、事件结果，还应包括对设备审计功能的配置变更相关的事件，如未满足要求，则应由专业人员提供整改或弥补建议。

（2）应由专业人员定期对业务系统的审计措施进行安全评估，业务系统需启用日志功能，并设置日志转发，转发目的为日志审计系统，如未满足要求，则应由专业人员提供整改或弥补建议。

（3）应由专业人员定期对业务系统的审计措施进行安全评估，在业务系统中需具备独立的审计管理员角色/账户，独立管理设备的日志审计功能，其他角色/账户不应有审计管理的权限，如未满足要求，则应由专业人员提供整改或弥补建议。

8.4　入侵防范

8.4.1　要求

8.4.1.1　通用要求

（1）建议由专业人员定期对业务系统进行安全评估，业务系统需具备访问黑、白名单功能，以屏蔽对业务系统的不合规访问，如未满足要求，应进行相应整改或弥补。

（2）建议由专业人员定期对业务系统进行安全评估，业务系统需具备对提交内容进行有效性验证的功能，以确保通过人际接口或通信接口输入的内容符合系统的设定要求，如未满足要求，应进行相应整改或弥补。

（3）建议由专业人员定期对业务系统进行安全评估，确保业务系统仅开发需要的功能组件与应用程序，关闭或删除与业务无关的系统服务，关闭默认共享与高危端口，如未满足要求，应进行相应整改或弥补。

8.4.1.2　管理制度要求

应订立漏洞管理制度，明确定义包括周期性的漏洞发现，及后续的漏洞验证评估、修复、回退、测试、关闭等一系列措施。

8.4.2　操作配置建议

8.4.2.1　通用配置

应由专业人员定期对业务系统的入侵防御措施进行安全评估，确保在业务系统的开发与安装过程中，仅开发与安装业务所需的功能模块与组件，或者在安装与配置过程中，删除或关闭与业务无关的系统组件与服务，关闭默认共享与高危端口，以减少风险暴露面，如未满足要求，则应由专业人员提供整改或弥补建议。

应由专业人员定期对业务系统的入侵防御措施进行安全评估，业务系统需对提交内容的合规性进行验证，以防提交的内容中含有攻击性风险，如未满足要求，则应由专业人员提供整改或弥补建议。

应由专业人员定期对业务系统的入侵防御措施进行安全评估，业务系统需具备访问黑名单/白名单功能，仅允许正当管理/业务需求的访问，以减少暴露风险，如未满足要求，则应由专业人员提供整改或弥补建议。

8.4.2.2 管理制度修订

应订立漏洞管理制度，明确定义包括周期性的漏洞发现，及后续的漏洞验证评估、修复、回退、测试、关闭等一系列措施。

8.5 数据完整性

8.5.1 要求

8.5.1.1 通用要求

（1）建议由专业人员对业务系统进行安全评估，业务系统需采用加密协议（例如HTTPS、SSH）进行通讯传输，采用密码加密技术对传输数据进行加密，确保重要数据在传输过程中的完整性；数据应包括但不限于鉴别数据、重要业务数据、重要审计数据、重要配置数据、重要视频数据和重要个人信息等，如未满足要求，应进行相应整改或弥补。

（2）建议由专业人员定期对业务系统进行安全评估，业务系统需采用加密技术对系统中存储的数据进行加密，确保重要数据在存储过程中的完整性；数据应包括但不限于鉴别数据、重要业务数据、重要审计数据、重要配置数据、重要视频数据和重要个人信息等，如未满足要求，应进行相应整改或弥补。

8.5.2 操作配置建议

8.5.2.1 通用配置

（1）应由专业人员对业务系统的入侵防御措施进行安全评估，业务系统需支持加密协议（例如 HTTPS），并确保业务人员使用加密协议对业务系统进行访问，确保重要数据在传输过程中的完整性，如未满足要求，则应由专业人员提供整改或弥补建议。

（2）应由专业人员对业务系统的入侵防御措施进行安全评估，业务系统需采用加密技术对其中存储的数据进行加密存储，以确保重要数据在存储过程中的完整性，如未满足要求，则应由专业人员提供整改或弥补建议。

8.6 数据保密性

8.6.1 要求

8.6.1.1 通用要求

（1）建议由专业人员对业务系统进行安全评估，业务系统需采用加密协议（例如HTTPS、SSH）进行通讯传输，采用密码加密技术对传输数据进行加密，确保重要数据在传输过程中的保密性；数据应包括但不限于鉴别数据、重要业务数据和重要个人信息等，如未满足要求，应进行相应整改或弥补。

（2）建议由专业人员定期对业务系统进行安全评估，业务系统需采用加密技术对系统中存储的数据进行加密，确保重要数据在存储过程中的保密性；数据应包括但不限于鉴别数据、重要业务数据和重要个人信息等，如未满足要求，应进行相应整改或弥补。

8.6.2　操作配置建议

8.6.2.1　通用配置

（1）应由专业人员对业务系统的数据保密措施进行安全评估，业务系统需确保业务人员使用加密协议（例如 HTTPS）对业务系统进行访问，确保重要数据在传输过程中的保密性，如未满足要求，则应由专业人员提供整改或弥补建议。

（2）应由专业人员定期对业务系统的数据保密措施进行安全评估，业务系统需采用加密技术对其中存储的数据进行加密存储，以确保重要数据在存储过程中的保密性，如未满足要求，则应由专业人员提供整改或弥补建议。

8.7　剩余信息保护

8.7.1　要求

8.7.1.1　通用要求

（1）建议由专业人员定期对业务系统进行安全评估，确保业务系统中用于保存账户鉴别信息的文件/数据库表在账户发生删除或变更之后，原本其中存储的鉴别信息得到完全的清除，如未满足要求，应进行相应整改或弥补。

（2）建议由专业人员定期对业务系统进行安全评估，确保业务系统中用于保存敏感信息的文件/数据库表在相关业务发生变更之后，原本其中存储的敏感信息得到完全的清除，如未满足要求，应进行相应整改或弥补。

8.7.2　操作配置建议

8.7.2.1　通用配置

（1）应由专业人员定期对业务系统的剩余信息保护措施进行安全评估，业务系统需确保用于保存账户鉴证信息的文件/数据库表在账户被删除或账户鉴别信息更新之后，原本其中存储的鉴别信息得到完全的清除，如未满足要求，则应由专业人员提供整改或弥补建议。

（2）应由专业人员对业务系统的剩余信息保护措施进行安全评估，业务系统中不应在登录页面中存在"保存密码，用于下次快速登录"之类的选项，如未满足要求，则应由专业人员提供整改或弥补建议。

（3）应由专业人员定期对业务系统的剩余信息保护措施进行安全评估，业务系统需确保用于保存敏感数据的文件/数据库表在相关业务产生变更时，原本存储的敏感数据得到完全的清除，如未满足要求，则应由专业人员提供整改或弥补建议。

8.8 个人信息保护

8.8.1 要求

8.8.1.1 通用要求

建议由专业人员定期对业务系统进行安全评估，业务系统需具备一些措施，对个人信息进行加密与保护，避免对此类信息的违规访问与使用，如未满足要求，应进行相应整改或弥补。

8.8.2 操作配置建议

8.8.2.1 通用配置

建议由专业人员定期对业务系统的个人信息保护措施进行安全评估，业务系统需具备一些措施，对个人信息进行加密与保护，避免对此类信息的违规访问与使用，如未满足要求，应进行相应整改或弥补。

8.9 数据完整性与保密性

8.9.1 要求

8.9.1.1 加密要求

建议采用密钥管理系统，实现下列管控措施：

建议在平台中部署一套加密密钥管理系统，供业务系统进行调用，为其实现数据的加解密功能。

8.9.2 设备部署建议

加密密钥管理系统的部署：

加密密钥管理系统为业务系统提供高级别的安全服务，通常建议部署于内网的安全管理区中，供业务系统进行调用，如无安全管理区，可部署于服务器区中。

8.9.3 操作配置建议

8.9.3.1 加密配置

应在平台中部署一套完整的加密密钥管理系统（如 CA 系统），作为业务系统数据存储或传输的加密基础设施进行调用。

第9章 备份与恢复

9.1 数据备份恢复

在系统运行管理中，应充分考虑备份与恢复。主要涉及信息系统备份与恢复，可提升业务持续运转能力，规避突发事件引发的长时间业务中断。数据信息备份恢复，可提高数据信息的可用性与安全性，规避因设备故障、人员误操作、安全攻击等事件造成的数据信息丢失、损毁、不一致等风险。

9.1.1 要求

9.1.1.1 安全防护要求

建议采用数据存储备份系统，实现下列管控措施：

建议采用数据存储备份系统，对重要数据提供数据备份与恢复功能。

9.1.1.2 通用要求

（1）建议单位建立异地机房，并采用数据存储备份系统，对重要数据提供数据备份与恢复功能；或将本地备份的数据通过保存介质导出，输送至备份场地。

（2）建议由专业人员对业务系统进行安全评估，业务系统需具备重要配置与数据的导出功能，以便于进行备份与恢复，如未满足要求，应进行相应整改或弥补。

（3）对于业务连续性要求较高的业务系统，建议单位建立异地双机房，同步提供业务服务，满足异地备份的要求。

（4）建议对重要的数据处理系统（例如边界路由器、边界防火墙、核心交换设备、应重要的应用与数据库服务器等），应采取双机热冗余的方式进行部署。

9.1.2 设备部署建议

数据存储备份系统的部署：

数据存储备份系统通常部署于服务器区，以便于备份数据的快速导入与导出。

9.1.3 操作配置建议

9.1.3.1 安全防护配置

1. 数据存储备份系统配置

应在服务器区中部署数据存储备份系统，采用客户端抓取/服务器端推送等方式，对重要数据提供本地备份，并在需要的时候能够快速导出供业务系统恢复。

2. 配套设施配置

应在异地机房中部署数据存储备份系统，采用客户端抓取/服务器端推送等方式，对重要数据提供异地备份；或应将重要的业务数据与配置数据导出至保存介质，输送到异地进行备份。

9.1.3.2　通用配置

（1）应由专业人员对业务系统进行安全评估，业务系统需具备系统配置与业务数据导出的功能，以便于业务数据可在数据存储备份系统/其他类型的备份服务器中进行备份。

（2）应建立异地机房，用以接收业务备份数据与配置数据进行保存；或同步运行业务系统，满足异地数据备份的同时，还能够确保业务的可用性；或者应建立异地备份场地，用以存储系统配置与业务数据的保存介质。

（3）应对主要的数据传输链路设备（包括自边界接入设备到核心交换设备为止的链路设备）与业务系统中的重要数据处理设备（例如重要的应用服务器与数据库服务器等）采取双机热冗余的方式进行部署，以保障系统的高可用性。

第 10 章　数 据 安 全

10.1　数据安全含义、适用范围

10.1.1　含义

《中华人民共和国数据安全法》第三条，给出了数据安全的定义，是指通过采取必要措施，确保数据处于有效保护和合法利用的状态，以及具备保障持续安全状态的能力。数据安全有两方面含义：一是数据本身的安全，主要是指采用现代密码算法对数据进行主动保护，如数据保密、数据完整性、双向强身份认证等；二是数据防护的安全，主要是采用现代信息存储手段对数据进行主动防护，如通过磁盘阵列、数据备份、异地容灾等手段保证数据的安全。

10.1.2　适用范围

本章给出了地震部门数据安全的防护工作思路、技术建议，适用于指导地震部门在地震数据采集、汇聚、传输、存储、加工、共享、开放、使用、销毁等全生命周期的分等级安全防护。

本章内容适用于不涉及国家秘密信息的地震数据。

10.2　数据安全法律法规要求与技术标准

10.2.1　法律法规要求

2015 年 8 月，国务院印发《促进大数据发展行动纲要》，明确提出数据已成为国家基础性战略资源，并要求完善法规制度和标准体系。数据库的安全稳定运行也直接决定着业务系统能否正常使用，并且平台的数据库中往往储存着极其重要和敏感的信息。在大数据应用日益广泛的今天，数据资源的共享和开放已经成为促进大数据产业发展的关键，但由于数据的敏感性，加之数据分类分级标准的差异、滞后以及统一性标准的缺失，使数据开放和共享面临诸多困难。

2022 年 1 月 12 日，国务院印发《"十四五"数字经济发展规划》，其中明确要强化数字经济安全，建立健全数据安全治理体系，规范数据全生命周期的管理，那么同时也要加强对个人信息的安全监管能力，防范各类数据的安全风险。

　　近年来，国家相继颁布《中华人民共和国网络安全法》《中华人民共和国数据安全法》《中华人民共和国个人信息保护法》《网络安全审查办法》等系列法规条例，进一步强化数据作为国家基础性、战略性资源地位。数据安全已上升至国家战略高度。

　　2022 年 6 月 22 日，习近平总书记主持召开的中央全面深化改革委员会第二十六次会议强调：要建立数据产权制度，推进公共数据、企业数据、个人数据分类分级确权授权使用。构建政府、企业、社会多方协同治理模式，强化了行业监管和跨行业监管，压实企业数据安全责任。

10.2.2　技术标准

　　根据《大数据安全标准化白皮书》（2018），数据安全类标准主要包括个人信息、重要数据、数据跨境安全等安全管理与技术标准，覆盖数据生命周期的数据安全，包括分类分级、去标识化、数据跨境、风险评估等内容。

10.2.2.1　个人信息安全

　　本类标准主要涉及针对个人信息处理活动应遵循的原则和安全要求、个人信息安全影响评估等标准内容，用以健全个人信息安全标准体系，指导组织内部建立个人信息保护策略，指导产品、服务、内部信息系统的设计、开发和实现，并指导个人信息保护实践，为《网络安全法》的实践落地提供技术支撑，切实保护个人信息。此类标准主要有：

　　（1）《信息安全技术　个人信息安全工程指南》（GB/T 41817—2022）。文件提出了个人信息安全工程的原则、目标、阶段和准备，提供了网络产品和服务在需求、设计、开发、测试、发布阶段落实个人信息安全要求的工程化指南。适用于涉及个人信息处理的网络产品和服务（含信息系统），为其同步规划、同步建设个人信息安全措施提供指导，也适用于组织在软件开发生存周期开展隐私工程时参考。

　　（2）《信息安全技术　人脸识别数据安全要求》（GB/T 41819—2022）。文件规定了人脸识别数据的安全通用要求以及收集、存储、使用、传输、提供、公开、删除等具体处理活动的安全要求。适用于数据处理者安全开展人脸识别数据处理活动。

10.2.2.2　重要数据安全

　　本类标准主要围绕重要数据的生命周期，从重要数据治理、管理、技术、基础保障、安全评价等全方位、细粒度的制定对应的重要数据安全标准，用以指导重要数据的管理和保护，并为《网络安全法》的实践落地提供技术支撑。

10.2.2.3　跨境数据安全

　　本类标准旨在规范指导跨境数据处理。包括为国家开展数据出境安全评估提供技术标准支撑，为企业开展数据出境安全风险自评估提供规范指南。通过制定相关标准，使企业可以按照规定的安全评估流程、评估要点、评估方法等内容，合理有效地开展数据出境安全评估，同时为行业主管或监管部门对本行业（领域）数据出境安全评估指导、监督等工作提供依据。

10.3　本行业现状与不足

10.3.1　现状与不足

当前，行业没有良好的数据综合管理，数据共享交换平台、云计算平台等关键设施的相关数据安全能力建设仍较为薄弱，风险识别、管控、审计等制度和技术手段应用较为分散，难以形成事前预防、事中感知、事后溯源的综合安全防控体系；各单位核心业务数据无有效策略备份保护，部分业务数据采用移动存储介质离线导出；离线数据保存未进行加密处理不具备安全合规性要求，同时移动存储介质不易于保存及数据检索；多数业务数据未有效保护，存在人为误操作、病毒入侵等逻辑性错误风险。针对跨平台多重数据类型数据缺乏一套统一灾备系统进行管理，需要人工在生产环境频繁手动高危操作。

10.3.2　风险危害

各业务应用系统对数据的使用，均是在行业网、行业云中"流动"，在这些数据使用与"流动"的过程中，存在诸多数据安全风险隐患问题，主要有：

10.3.2.1　数据缺乏分类分级

随着数据的不断归集，各单位保存了大量的数据，这些数据，按照行业要求进行了管理，但没有对数据的类别、级别划分规范进行进一步的细化，没有加强对敏感信息的分类分级方法指引的细化工作。

10.3.2.2　全局数据资产不清

目前在各单位内，有各类应用系统，这些应用系统对应有哪些数据库、有哪些数据库账号、这些数据库账号的权限是什么、数据库有哪些数据、敏感数据都是在哪些表里、敏感数据能被哪些应用和人员使用、使用频率如何、是否有幽灵数据库等情况不清晰。缺乏快速、准确掌握全局数据库资产、敏感数据分布的措施和手段。

10.3.2.3　数据库自身安全状况未知

在用数据库，它们存在哪些数据库漏洞，该如何修补，是否存在不正确的安全配置和安全隐患，这些都可能成为黑客利用的攻击点，也是数据库管理工作的重点，但缺乏对数据库漏洞的扫描、监控和统计的措施，忽略了安全隐患和不正确的安全配置检查，导致弱口令、补丁未更新等脆弱点可能被威胁利用。

10.3.2.4　敏感数据使用缺乏监控

行业内各类数据，其中不乏大量的敏感数据，这些敏感数据在流动中，应该要加强对它们的监控，对异常访问行为等可实现实时告警和主动阻断，让数据被安全地使用。

10.3.2.5　数据明文存储存在安全隐患

数据库的架构设计中，数据都是明文存储的，这将显著加剧敏感数据批量泄露风险。数据明文存储的威胁主要体现在数据篡改、数据窃取两方面，数据篡改就是对数据库中的数据未经授权就进行修改，破坏数据的真实性。由于数据是明文的，非法操作者就可以将敏感数据信息批量查询导出造成敏感信息泄露。

10.3.2.6 来自内部人员威胁

内部人员违规使用数据的风险主要体现在数据运维人员、开发测试人员和高权限人员，虽然制定了相应的管理规范并签署了保密协议，但由于缺少监控措施，为了快捷的完成日常工作需要，会出现越权或多账号共用的现象，给数据泄露造成很大的隐患。

10.3.2.7 数据共享风险

数据的共享和交互可分为内部和外部（包括监管机构、其他政务部门和第三方）两类，在一些大数据分析、应用开发测试的场景中，需要利用大量数据，如何保证这些共享数据的安全性，成为一个重要的数据安全问题。在数据外部共享时，由于难以监管数据共享使用方对于共享数据的使用，数据安全工作压力具大。当发生数据安全事件时，不能有效进行追溯。

10.3.2.8 来自互联网攻击

行业有部分是对外开放业务服务系统，大大增加网络渗透的风险，非法用户可以通过互联网针对业务平台系统进行试探和攻击行为，利用 SQL 注入，入侵业务平台数据库系统，有目的窃取、篡改、破坏、拷贝重要数据，从而造成信息泄露，从而进行有目的的违法行为。

10.4 防护工作思路

10.4.1 数据采集安全

按照数据分类分级相关规范对数据进行分类分级标识。

依托信任服务基础设施，采用用户身份鉴别、设备身份鉴别、网络认证准入等多种认证方式，确保数据源可信。在接入数据库时，采用安全产品限制数据的流动方向，保障跨域数据接入安全。

在接入外部数据、本地数据、互联网数据时，如果无法保障数据来源的安全和可信以及数据真实性和完整性，则存在业务网和互联网遭到攻击和破坏的风险。

通过身份认证、准入控制、链路加密、应用层加密等方式防止假冒数据源接入，确保采集数据的真实性和完整性。

数据安全采集的采集源包括外部数据、内部数据、协同部门政务数据和社会及互联网数据。为了保障数据采集安全，需要提供用户身份鉴别、设备身份鉴别、网络认证准入等安全机制。

数据库在采集、接收相关数据时，需要对数据来源、数据完整性及可追溯性进行验证。可以通过在数据采集阶段，通过用户身份认证，保障数据本身的完整性和真实性，确保数据来源的安全和可信，防止伪冒数据源的数据层安全攻击和破坏。

数据采集阶段的安全认证，要包括采集系统到数据源系统（数据库—数据库）的接口认证、采集设备接入认证以及用户身份认证，通过身份认证和账号确权方式确保对端双向数据连接的安全。

10.4.2　数据传输安全

数据（流式数据、数据库、文件、服务接口等类型的数据）传输过程中，要采取加密措施保障数据的完整性、机密性。公开数据主要安全传输技术有数据完整性校验，内部数据和敏感数据主要安全传输技术有数据传输加密、数据完整性校验、数据防泄露技术等。

数据从业务网和互联网传输到数据体系时，数据存在中途被截获、篡改等风险；在数据落地后的数据无法判断数据的完整性。

数据传输过程中采用传输加密，数据隧道加密，防止数据被篡改、截获；在数据落地后的数据，通过数字签名技术保障数据完整性，杜绝数据伪造、滥用。

在传输过程中，需要从数据传输加密、网络数据防泄露、数据完整性保护等多个方面来保障的业务系统数据的机密性和完整性。

10.4.2.1　传输加密

数据在网络中传输时，面临中间人攻击、数据窃听、身份伪造等安全威胁。为了保证数据在网络上的传输安全，行业网接入单位（国家中心、各单位、台站节点等）之间要保证安全通信。采用网络链路端到端加密，并配合国家标准加密算法（国产密码），防范重要数据泄露。

10.4.2.2　完整性保护

数据传输过程中的数据完整性保护，可以通过数字签名技术来实现。在电子公文流转、敏感数据交换等流程中，基于数据库安全基础设施中提供的签名服务器，采用数字证书的数字签名对数据传输过程中的文件信息进行签名，杜绝数据伪造、滥用，全面保障信息的完整性、严肃性和权威性。

10.4.2.3　网络数据防泄露

网络数据防泄露能够通过正则表达式、数据标识符、数据指纹、机器学习等方式自动识别、发现外泄敏感数据。

网络数据防泄露网关主要用于旁路安装在网络出口处，通过监听网络数据，识别数据分类并形成风险事件上传至数据安全管理中心。

10.4.3　数据存储安全

数据存储安全主要是指数据在存储的过程中保持完整性、机密性和可用性的能力。面临的风险主要来源于数据泄露、数据丢失等问题。为解决数据存储阶段的风险问题，应基于数据分级分类标准对数据进行加密存储和分级保护。

数据（流式数据、数据库、文件等类型的数据）在数据库存储后，需要重点防范数据库内部出现 DBA 越权访问、数据拖库、存储介质被盗等极端情况而导致的数据泄密事故。为解决数据存储阶段的风险问题，应基于数据进行数据加密存储和存储介质管控。

10.4.3.1　数据库加密

依据数据分级分类的标准，对于敏感数据、内部数据等重要数据在存储时进行加密处理。加密后的数据以密文的形式存储，保证存储介质丢失或数据库文件被非法复制情况下数据的安全。

10.4.3.2 存储介质管控

数据库存储介质具备一定流动性、使用频繁、经手人员多，导致敏感数据泄露的风险大幅增加。可以通过存储介质管控系统进行存储介质的身份标识、密级标定、授权管理、访问控制和操作审计等一系列安全技术手段，保证存储介质使用的安全性和可控性。

10.4.3.3 敏感数据发现

系统基于敏感数据识别规则，通过扫描数据库和文件系统，获取敏感数据分布态势。系统支持对扫描结果进行敏感数据类型、敏感数据级别的标签管理。并从数据源、数据表、数据字段、文件等多个维度统计敏感数据量。

10.4.4 数据共享和使用安全

数据共享环节，涉及向各协同部门提供业务数据、对外信息披露、信息公开等不同业务场景。数据共享环节要依据数据分级分类的标准，同时根据用户行为、情况动态进行数据授权，通过集中统一的访问控制和细粒度的授权策略，对用户、应用等访问数据的行为进行权限管控，确保用户拥有的权限是完成任务所需的最小权限，同时对敏感数据进行数据脱敏和隐藏，防止信息扩散和信息泄露事件的发生。

10.4.4.1 数据防泄露

针对各类业务使用或处理的数据，在其使用阶段，受限于其数据自身的形态、包括数据使用者身份的多样化，以及数据使用者自身的技术水平、数据使用意图的不可控性，使数据在其使用阶段有可能到面临各种越权访问、失误操作甚至于危险操作，从而导致数据泄露的风险。

由于各单位的网络防护级别各不同，数据在其共享交换阶段，将存在大量跨级、跨域交换，这将带来较大的安全风险。同时由于各业务单位对于相同数据的访问权限不同，但又存在必须进行数据交换的场景，而传统授权认证系统可能存在"一刀切"的拒绝和阻断操作，导致业务侧出现问题。

10.4.4.2 数据脱敏

数据脱敏分为数据静态脱敏和数据动态脱敏两种应用场景。

静态脱敏通过数据脱敏机制对某些敏感信息通过脱敏规则进行数据的变形，实现敏感数据的可靠保护。在不影响数据共享规则条件下，对真实数据进行改造并提供使用。这样就可以在开发、测试和其他非生产环境以及外包环境中可以安全地使用脱敏后的真实数据集。

动态脱敏是指在业务系统进行数据操作时，实时对展示的敏感信息进行变形、隐藏，使其无法获得原始数据，防止数据泄露风险。

10.4.4.3 数据水印

通过数据水印技术，确保数据的完整性和真实以及可追责性。数据水印通常是不可见的或不可察的，它与原始数据紧密结合并隐藏其中，成为源数据不可分离的一部分，并可经历一些不破坏源数据使用价值或商用价值的操作而保存下来。一旦信息泄露第一时间将水印标识解封，通过读取水印标识编码，追溯该泄露数据流转全流程，并精准定位泄露单位及责任人，实现数据泄露精准追责定责。

10.4.4.4　数据安全审计

针对各类数据使用人员、系统开发人员、数据建模分析人员或数据库管理人员直接访问数据库或者通过大数据 API 接口访问大数据存储或的场景，对其敏感数据的访问行为进行审计。采用网络流量分析技术、API 接口流量监测技术、大数据审计技术弥补大数据平台各组件日志记录不全，审计深度不够、广度不够等问题，帮助统一记录数据库、API 接口、各类大数据组件的操作日志，帮助及时发现数据库或大数据可疑操作行为。

10.4.4.5　数据访问控制

针对数据访问与使用，要对不同权限的不同角色的访问行为进行控制，防止非法攻击。基于主动防御机制，实现数据库的访问行为的控制、危险操作的阻断。系统通过 SQL 协议分析，根据预定义的禁止和许可策略让合法的 SQL 操作通过，阻断非法违规操作，形成数据库的外围防御圈，实现 SQL 危险操作的主动预防。

10.4.5　数据备份安全

10.4.5.1　建立备份系统

建立能提供多角度、全方位的数据保护解决方案产品。可实现数据备份、数据容灾、数据高可用等功能的企业级数据安全保护系统；可支持多租户的共享使用，支撑本地和云端数据的协同，保护操作系统、数据库、应用、文件、虚拟机、对象存储等数据；对复杂环境平台提供易用的数字资产的保护、管理和归档，在遭遇数据灾难时，能完整、准确、快速地还原数据，最大化降低损失。

根据冗灾要求，可以建立相关的离线数据备份能力。

10.4.5.2　明确行业数据备份类型

不同的应用类型支持的备份类型各有差异。常见备份类型包括如表 10.1 所示。

表 10.1

备份类型	描述	特点
完全备份	执行主机数据全部备份的操作	备份完整数据，恢复方便。 相对耗费时间较多，且占用存储空间较多
增量备份	只备份自上一次备份（完全备份或增量备份）后新增或变化的数据	备份数据量小，备份速度快。 相对而言，所需恢复时间比完全备份或差异备份所需时间长
差异备份	执行差异备份时，仅备份自上次完全备份后新增或变化的数据	备份数据量小，备份速度比完全备份快。 相对而言，恢复数据所耗费的时间比完全备份时间长。如果大量数据发生变化，差异备份所耗费的时间比增量备份时间长
事务日志备份	备份数据库中的事务日志。事务日志是数据库中已发生的所有修改和执行每次修改的事务的一连串记录	使用事务日志备份，可将数据恢复到精确的故障点

10.4.5.3　建立备份策略

（1）将数据备份任务按业务系统划分，确定各系统的备份数据量，并为每个备份任务指定专用的备份介质。

（2）根据各业务系统对备份的需求，以及系统的忙闲程度，为每个备份任务划定可以进行数据备份的时段。

（3）合理的选择备份方式。备份的最终目的是进行数据恢复，在选择备份方式时，要在业务系统性能需求许可的情况下，最大程度的降低数据恢复时的复杂程度。建议：

①对于数据量较大的系统，为降低数据备份对业务系统运行的影响，减少对备份介质的需求，可采用全备份+增量备份的方式进行，建议每周进行一次全备份，一周内其他时间每天进行一次增量备份。

②对于数据量较小的备份任务，或较为关键的业务，则建议每天进行一次全备份，以降低恢复时的复杂程度。

③在每次业务数据做大调整后应立即做一次全备份。

④对于数据的安全性要求非常高、数据变化频繁，需要保护的时间间隔小于30分钟的任务可以采用实时备份。

（4）在确定以上内容后，对普通备份任务的调度策略进行统一规划：

①对于相关业务系统的数据，为保证数据一致性，尽量安排在同一天进行备份。

②首先保证关键业务的数据备份。

③尽量使备份数量在一周内的每天平均分布，可以采用大小数据量相搭配，或关键业务与非关键业务相搭配等方式进行。

（5）根据业务需要确认备份介质保存周期。如无特殊需求，则保存周期的设置应以保证每一次全备份完成以前，都有可用介质供数据恢复使用为准。

表 10.2 给出了一个备份策略定制的示例。

表 10.2

	星期一	星期二	星期三	星期四	星期五	星期六	星期日
备份任务组一	F	I	I	I	I	I	I
备份任务组二	I	F	I	I	I	I	I
备份任务组三	I	I	F	I	I	I	I
备份任务组四	I	I	I	F	I	I	I
备份任务组五	I	I	I	I	F	I	I
备份任务组六	I	I	I	I	I	F	I
备份任务组七	I	I	I	I	I	I	F

注：F=Full Backup，即完全备份；I=Incremental Backup，即增量备份；具体策略根据用户的要求来定。

表 10.3

业务类型	已有容量	月增长	备份策略	保留策略	空间需求
虚机备份			每周一次全备份、每日增量备份	1 个月	TB
文件/数据库			每周一次全备份、每日增量备份	1 个月	TB
裸机备份			每周一次全备份、每日增量备份	1 个月	TB

10.4.5.4　恢复验证

各类数据备份后，要建立定期的数据恢复验证机制，确保所备份的数据在需要恢复时可用。

数据恢复验证一般包括各种类型的数据恢复验证，如条件允许，建议建立独立的数据恢复验证区域进行验证工作，降低验证数据恢复时对生产系统产生影响。

10.4.6　数据销毁安全

数据库拥有海量的数据资产，需要按照数据分类分级规范和相关流程对这些数据进行定时清除或销毁处理。销毁方式包括介质销毁、内容销毁等。

10.5　防护技术建议

10.5.1　数据库安全防护

建立数据库防火墙，提升保护后台数据库能力，有效防止对数据库的越权访问和攻击行为。

10.5.1.1　部署位置

可通过串联和旁路部署的方式，在门户业务平台与数据仓库之间，实现数据库漏洞和攻击行为的防护。

图　10.1

10.5.1.2　主要功能

1. 防护元素

采用准确的协议解析技术，实现长 SQL 语句、参数化语句、参数值、字符集、语句句柄（游标）跟踪、返回字段描述、应答结果、查询语句结果集、结果集压缩等防护保障。

提供数据库底层防护、应用侧防护、运维侧操作防护和敏感数据防护，防止外部黑客攻击、防止内部高危操作、防止敏感数据泄露、防止频次攻击和其他数据库异常行为。

2. 防止内部高危操作

系统维护人员、外包人员、开发人员等，拥有直接访问数据库的权限，他们有意无意的高危操作会对数据库造成破坏。

可限制系统表和敏感对象表的访问权限，限制高危操作，以避免大规模的数据损失。

3. 防止应用违规操作

通过应用关联审计技术捕获应用账号和应用登录信息，结合风险行为管控机制，实现应用关联防护，阻断非法的应用登录和操作行为，防止业务操作员和业务系统维护人员通过应用非法登录数据库，篡改或盗取敏感数据。

通过精细化、细粒度的数据库登录控制，防止绕过应用系统的非法登录，满足细粒度的准入控制需求，保证应用访问合规。

针对复杂业务系统，数据库安全策略定义困难的现状，通过自学习功能学习业务模型，从而防御 SQL 注入攻击、渗透绕过应用系统的恶意操作语句、异常数据操作。

4. 抵御 SQL 注入

提供 SQL 注入特征库，通过对 SQL 语句进行注入特征描述，完成对"SQL 注入"行为的检测和阻断。在数据库外的网络层创建了一个安全层，对于有"扩展脚本"和"缓冲区溢出"攻击的特征的 SQL 语句，直接进行拦截。

5. 阻断漏洞攻击

通过数据库防火墙手动配置许可禁止模型，按照 SQL 自身语法结构划分 SQL 类别，通过自定义模型手动添加新的 SQL 注入特征，进行有效拦截。

数据库漏洞攻击防控：开启虚拟补丁配置策略，即可防范数据库漏洞的攻击。

6. 异常行为监控

提供丰富的规则类型，可以针对不同的数据库访问来源，提供对敏感表的访问权限、操作权限和影响行数的实时有效管控，并结合对"NO WHERE"语句风险的判断，避免大规模数据泄露和篡改。规则类型如下所示。

①口令攻击规则：限定不同客户端和数据库账户的失败登录频次。

②访问规则：针对应用端信息、客户端信息、时间等条件限定非法账户登录行为。

③操作规则：针对高危语句操作、批量数据篡改和大规模数据泄露等风险行为防护。

④注入攻击防护：提供 SQL 注入防护和 XSS 攻击防护规则。

⑤频次操作规则：针对高频次执行的语句行为，提供灵活的规则配置，实现频次行为管控。

10.5.2 数据静态脱敏

在数据分发、共享的环节当中，敏感数据泄露风险激增，如果单纯地依赖脚本对敏感数据进行简单处理，难以适应数据使用场景。因此，采用专业高效的静态脱敏系统，通过特定的脱敏算法对敏感数据进行屏蔽和仿真替换，将敏感数据转化为虚构数据，将个人信息匿名化，并保持高度的仿真性和可用性，为数据的安全使用提供了有效的保障。

10.5.2.1 部署位置

通过旁路的部署，用于对真实数据进行脱敏，分析访问、操作实现数据脱敏，防止敏感数据泄露。

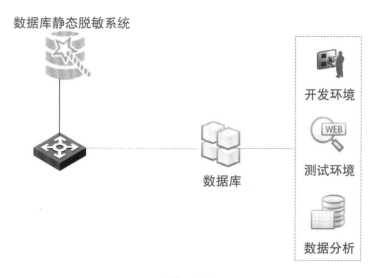

图 10.2

10.5.2.2 主要功能

1. 敏感数据自动发现

内置发现规则，能够自动扫描目标数据环境，准确定位敏感数据，最终形成敏感数据字典。

内置发现规则，并且需支持自定义敏感数据特征，自定义时可以使用正则表达式、自定义函数、数据字典/字段字典，并能够对一列中多种敏感信息，以及一行内若干段敏感信息拼接等特殊场景进行准确识别。

2. 保证业务可靠运行

完整性：脱敏后的数据是完整的，不改变原始数据尺寸、不包含无效信息，以符合目标数据的定义，能够顺利入库。

有效性：脱敏后的数据必须能够准确反映原始数据的业务属性、数据关联和数据分布特征，满足业务系统的数据规则。

一致性：脱敏后的数据满足业务系统的数据关系特征，严格保留原有的数据关系和时间序列。

3. 丰富的脱敏算法

遮蔽脱敏：对敏感数据的全部/部分内容采用"∗"或者"#"等字符进行遮蔽。

仿真随机：采用和原数据结构相同、内容相近的内容进行随机替换，确保数据格式不变。

仿真替换：采用和原数据结构相同的数据进行替换，相同的原数据脱敏后也相同。

4. 支持文件脱敏

需支持常见文件类型的脱敏，例如 CSV、TXT、Excel、XML、HTML 等文件，另外，需支持对 Oracle 数据库等导出的文件进行脱敏等。

5. 规范数据共享、分发流程

一般来讲，敏感度较高的数据同样具有较高的价值和作用，在跨部门、跨组织的数据使用中涉及得更多。系统能够有效管理敏感数据申请和外发流程，完整记录数据使用过程，大幅降低数据泄露风险，使安全追溯有据可查。

10.5.3 数据动态脱敏

通过动态脱敏系统，对敏感数据的实时访问进行高性能、高扩展性、差异化的动态屏蔽和脱敏，确保业务用户、外包用户、运维人员、合作伙伴、数据分析师、研发和测试团队及顾问能够差异化地、安全地访问生产环境的敏感数据。

10.5.3.1 部署位置

可通过串联和旁路代理部署的方式，在业务平台与数据仓库之间，实现数据访问的实时脱敏。

图　10.3

10.5.3.2 主要功能

1. 自动的敏感数据发现

动态脱敏系统能够按照用户指定的敏感数据特征或预定义的敏感数据特征，对数据库中的数据进行自动识别和敏感数据发现，并自动地根据规则为发现的敏感数据推荐最匹配的脱敏算法。

使用动态脱敏系统的敏感数据自动识别功能可以避免按照字段定义敏感数据源，在持续发现新敏感数据的前提下，减轻人工的繁琐工作，并且最大限度地减少人工操作带来的疏漏和错误。

2. 丰富的内置脱敏算法

根据不同数据特征，动态脱敏系统内置了丰富高效的脱敏算法，来快速脱敏常见的敏感数据，如姓名、证件号、账户、日期、住址、电话号码、Email 地址、政府机构名称、组织机构代码等。内置脱敏算法如下：

同义随机替换：使用相同含义的数据替换原有的敏感数据，如脱敏后的身份证号仍然为有意义的身份证号，脱敏后的 Email 地址依然符合 Email 地址的格式。

数据遮蔽：将原数据中部分或全部内容，用"＊"或"#"等字符进行替换。

同义确定性替换：屏蔽后生成可重复的屏蔽值，即确保特定的值（如客户号、身份证号码、银行卡号等）在所有数据库中屏蔽为同一个值。

3. 可自定义的脱敏算法

用户可根据自身的数据特征或政策合规、应用系统等需要，自定义脱敏算法。

动态脱敏系统为用户提供的自定义算法功能具有高灵活性，既可复制现有脱敏算法稍作修改，也可以编写全新的脱敏算法。

4. 多种函数类型的脱敏

动态脱敏系统支持多种函数脱敏，支持的函数类型包括符串函数、时间函数、数值函数、数学函数、聚合函数、加密函数、格式化函数、类型转换函数等。

5. 数据脱敏行为的审计

动态脱敏系统支持设置是否审计脱敏行为。动态脱敏系统能够审计到 SQL 语句（脱敏前）、访问来源信息、SQL 语句信息以及受影响对象，并提供详细的语句详情页面。

10.5.4　数据加密管理

目前多类数据库存储文件是明文，盗取硬盘、登录数据库服务器本地、内部高权限用户的数据窃取行为、绕开合法应用系统直接访问数据库的攻击方式，均可造成数据泄露风险。也因此需要对敏感字段进行加密存储，即使数据库文件被盗取、磁盘丢失，盗取的数据库文件也无法使用，在存储底线上进行了有效的防御。

10.5.4.1　主要功能

1. 透明数据加密

数据库加密系统需支持我国密码管理机构认定的加密算法，也支持国际先进的密码算法。对数据库可以指定列进行加密，保证敏感数据以密文形式存储，以实现存储层的安全加固。

透明的数据加密有两层含义：一是对应用系统透明，即用户或开发商不需要对应用系统进行任何改造；二是对有密文访问权限的用户显示明文数据，并且加、解密过程对用户完全透明。

2. 增强访问控制

数据库加密系统增设数据安全管理员（Data Security Administrator，DSA）。DBA 和 DSA

完全独立，共同实现对敏感字段的强存取控制，实现真正的责权一致。DBA 实现对普通字段的一般性访问权限控制，DSA 实现对敏感字段的密文访问权限控制和加解密处理。

3. 增强的访问权限控制

数据库加密，可以针对内部维护人员进行权限的分配这样可以防止内部敏感数据被窃取。

（1）运维人员、厂商方维护人员分别使用不同的数据库账户。

（2）仅对合法的双方维护人员账户开放加密数据的增、删、改维护权限。

（3）其他的维护人员，即使是数据库管理员账户，也无法修改或插入受保密的资产信息。

4. 高效数据检索

数据库加密系统进行数据加密后，依然能够对密文数据提供索引能力，从而保持数据库的高效访问能力。

5. 强化应用安全

需提供按角色、IP 地址、时间范围的密文访问控制，并具备真正应用安全能力。可以将合法用户与应用系统绑定，同一用户只能通过指定的应用系统访问密文数据，使用命令行、管理工具等其他任何方式均无法访问密文数据。

数据库加密系统通过对应用程序或系统进行摘要值和连接随机种子的判定，保证应用身份标识不可伪造，合法的连接不可重放。

6. 加密数据审计

提供对数据库中安全授权行为和密文字段访问行为的审计能力，以便对授权行为和数据库用户的敏感数据的访问进行事后追踪。

10.5.5　数据库安全审计

基于数据库议解析和 SQL 解析技术，实现对数据库操作、访问用户及外部应用用户的审计。可用于安全合规、用户行为分析、运维监控、风控审计、事件追溯等与数据库安全相关的管理活动。

10.5.5.1　部署位置

旁路部署，通过交换机镜像接口和部署流量插件的方式，对数据库的访问流量进行分析，对业务系统和数据库系统无影响。

10.5.5.2　主要功能

1. 自动发现和识别

从全流量中识别数据库流量，智能分析出数据库信息，形成数据库资产清单，支持自动加入审计列表，全程免人工干预。自动发现网络内未知的数据库信息，在网络环境复杂、数据库资产不清晰情况下明细监管范围，帮助用户识别未登记数据资产。

2. 全面审计

日志信息全：详细记录数十项关键会话信息和语句信息，涵盖客户端信息、数据库信

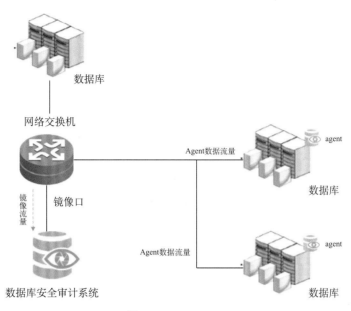

图　10.4

息、对象信息、SQL 语句信息、结果集信息、应身份信息等方面。

采集来源全面：支持旁路镜像审计、探针式数据采集、虚拟化引流、远程登录行为审计、本地流量采集等多种来源。

风险防护全面：全面有效防护批量数据泄露、高危操作、口令攻击、敏感数据窃取、SQL 注入等风险行为。

数据库支持全面：支持数十种主流关系型、国产、专用数据库及大数据组件。

3. 精准审计

实现基于协议分析、完全 SQL 解析、参数化匹配、长语句解析、多语句解析和应用关联技术等审计能力。

系统的协议分析和语法解析技术需不受执行方式、语句长度及复杂度的影响。即使在超长语句、多层嵌套、多表关联等复杂场景下也不会造成误识别或漏识别。能够精确识别审计元素，准确分析操作类型和对象（存储过程、视图、函数、包、绑定变量），结合规则实现精确告警。

4. 本地化审计

安全审计系统的本地审计技术可以对本地回环访问和进程间通信访问进行完整，准确审计，实现全量的数据库本地行为记录。

5. 行为监测

安全审计系统可以针对异常访问登录、权限变更、高危操作、敏感数据访问、批量数据泄露、SQL 注入、数据库的漏洞攻击等访问操作行为进行规则配置。为事后追溯、风险触发奠定坚实基础。

行为监控：安全审计系统可实时捕获访问操作行为对应的相关会话信息，风险命中情况，SQL 语句详情，对象行为轨迹进行全面行为监测审计。

异常告警：安全审计系统提供异常情况的实时告警，实时监控异常行为，感知数据库分享，降低数据库信息泄露的风险。

支持的告警方式为：邮件告警、短信告警、政府机构微信、钉钉群助手、SYSLOG、SNMP TRAP。

6. 事件追溯准确定责

从行为、应用、风险、语句、会话，及库资产等多个维度进行深度分析，支持数十种检索条件，多重钻取分析，帮助追溯风险来源。全量的数据库行为记录，深度关联并展示会话和语句详情，为最终的风险定责提供清晰的证据链，防止危险的再次发生。

将应用访问与数据库访问进行精确关联，通过访问源与访问行为分析，有效定位到具体业务工作人员。

通过对象统计实时监测对数据库表的操作及访问情况，通过标记敏感，实现对敏感表的操作分析和深度追踪，从而对敏感数据进行实时监控。

10.5.6　数据备份策略

10.5.6.1　关键业务数据

行业关键业务系统一般建立有双机或多机、分布式系统，在线数据存储与管理保障性较好。对于业务系统离线、在线数据的备份管理建议如下。

1. 结构化数据库存储类数据

对于结构化数据库系统存储的数据，如有明确的集中/空间工作周期，建议每天进行数据备份。

根据数据量的大小，可采用全备份或增量备份方式。

根据备份系统综合管理能力，建立数据备份文件滚存机制，一般建议设立 3 个周期的数据备份文件保存机制。如 7 天为一备份周期，则需具备 21 天的数据备份文件。

建立在重要时间节点，进行全备份，如系统升级、数据库升级、新业务系统数据接入等。全备份根据实际需要，可设置不同的版本管理，一般建议少于 3 个全备份管理。

2. 非结构化数据存储类数据

对于非结构化数据存储的数据，如数据集文件、视频、图片等，根据数据特点进行相关备份策略设置。

对于独立存储，且数据量每天存储空间占用少于 10GB 的，建议每天做新增数据的全备份，如数据间有重复性，需建立备份数据去重周期，如 7 天、21 天等。

对于独立存储，且数据量每天存储空间高于 10GB 的，建议先建立数据去重机制，再进行数据备份。

对于无重复性的海量数据，建议建立专用的数据备份空间，不超过 7 天进行一次新增数据的压缩备份。

对于存储于 Hadoop 等大数据系统、数据中台内的数据，建议至少设置 3 份数据集，降低系统损坏时对数据的影响。

3. 关键业务系统配置类数据

对于各类关键业务系统的配置数据，建议根据系统运行情况建立备份策略。

建立业务系统配置数据清单。

业务系统部署上线时，备份所有配置类数据。

业务系统配置参数变更时，备份相关调整的配置类数据。

业务系统恢复时，可支撑将配置类数据恢复至最近一个稳定运行时状态。

业务系统关键配置数据，建议备份至与业务系统无物理关联性的空间。

4. 关键业务系统运行环境数据

各类关键业务系统的运行环境数据主要是指运行的虚拟化、云化环境下的各类业务系统虚拟机、容器等。对于关于业务系统所运行的虚拟机、容器，其备份策略建议如下。

业务系统部署上线时，对虚拟机物理文件、容器拉起脚本等，进行全备份。

业务系统升级、调整后，对虚拟机物理文件、容器拉起脚本等，进行全备份。

在系统稳定运行期间，定期建立系统运行快照。

业务系统运行环境数据，建议备份至与业务系统无物理关联性的空间。

10.5.6.2　重要工作数据

重要工作数据，是指在日常工作期间生成的各类与工作相关的数据。其与业务数据不同在于，此类数据一般由具体的工作人员管理（如收集整体的档案、文件等）或全员管理（每个工作人员所生成的工作数据）。

1. 统一管理的工作数据

对于统一管理的工作数据，备份策略建议如下。

建立备份策略工作制度，明确责任要求，提供备份工作能力保障。

对工作数据进行冗余机制存储的前提下，至少建立 1 份全量数据备份，推荐 2 份。

根据工作数据变更的特点，对于长期不变化的归档类数据，建议每月或每季度进行一次数据备份；对于更新频度较高的工作数据，建议每天或每周进行一次备份。

2. 个人工作数据

对于个人工作数据，因其方式灵活性、快速更新变化的特点，以及在核心人员关键数据损坏后造成的严重影响特性，建议备份策略如下设置。

单位提供统一的个人数据存储、备份系统，可为所有工作人员提供数据服务与保障。

建立个人数据统一存储、备份工作制度，明确要求个人数据存储时限，一般建议至少 7 天进行一次个人数据的上传存储。

建立个人数据一体化存储备份机制，在数据上传的同时，完成压缩备份（建立同步至不同的物理存储空间）。

提供个人数据存储空间工作报告，提供数据空间使用跟踪，促进个人数据保护意识的增强与落实。

每季度，至多半年，进行一次个人数据去重处理。

10.5.7 数据安全综合管理

以数据安全基础防护能力为基础，站在监管视角梳理敏感数据底账、探查数据状态、核查数据权限、追溯数据流动、评估数据安全风险，实现地震重要数据的全生命周期安全管理、数据应用流通等流动过程中的安全监管。

需围绕数据安全监管的多层面需求，提供数据资产安全管理、运行操作监管、安全分析管理、统计报告管理、数据安全监管体系和数据安全全景视图等关键功能。

第 11 章　网络安全管理中心

11.1　网络安全管理中心含义、适用范围

11.1.1　含义

我国网络安全已进入等级保护工作改进完善阶段（等级保护 2.0），实施了《信息安全技术　网络安全等级保护基本要求》（GB/T 22239—2019），其中等级保护对象的安全通用要求细分为技术要求和管理要求，技术要求中包括安全管理中心。

安全通用要求中的安全管理中心是针对整个信息网络系统提出的安全管理方面的技术控制要求，通过技术手段实现集中管理。涉及的安全控制点包括系统管理、审计管理、安全管理和集中管控。

第三级安全要求实现集中管控功能：

（1）应划分出特定的管理区，对分布在网络中的安全设备或安全组件进行管控。

（2）应能够建立一条安全的信息传输路径，对网络中的安全设备或安全组件进行管理。

（3）应对网络链路、安全设备、网络设备和服务器等的运行状况进行集中监测。

（4）应对分散在各个设备上的审计数据进行收集汇总和集中分析，并保证审计记录的留存时间符合法律法规要求。

（5）应对安全策略、恶意代码、补丁升级等安全相关事项进行集中管理。

（6）应能对网络中发生的各类安全事件进行识别、报警和分析。

安全管理中心要求对网络安全设备和事件进行集中管控，具体要求应能实现如下功能。

通过本单位的网络安全建设工作，安全管理中心的主要技术手段是态势感知平台。态势感知平台是使用网络全流量对本单位网络设备、安全设备、主机、数据库中间件等 IT 设备进行基础数据采集，是一个集检测、可视、响应等多功能于一体的大数据安全分析平台和安全运营中心。网络安全集中管控设备主要包含流量审计分析设备或其他依托网络全流量进行集中管控类的设备。

态势感知平台包括安全感知层设备和流量审计分析设备。

11.1.2　适用范围

安全管理中心用于实现整个信息系统的安全管理功能，包括 IT 资产的分类管理、安全态势感知与预警、脆弱性识别、威胁检测、异常行为发现、漏洞发现与管理、日志收集与审计、整体安全管理、安全事件告警、综合风险报告产出等功能。

安全管理中心事件告警按一般、严重、危险进行分级分类，推送到相应终端，及时开展相应处理。

11.2 安全法律法规要求与技术标准

11.2.1 法律法规要求

国家市场监督管理总局和国家标准化管理委员会于 2019 年 5 月正式发布的《信息安全技术　网络安全等级保护基本要求》（GB/T 22239—2019），于 2019 年 12 月 1 日正式实施，其中包括了对信息系统等级保护对象的安全通用要求，分为技术要求和管理要求。技术要求包括"安全物理环境""安全通信网络""安全区域边界""安全计算环境"和"安全管理中心"；管理要求包括"安全管理制度""安全管理机构""安全管理人员""安全建设管理"和"安全运维管理"。

GB/T 22239—2019 第三级安全要求对安全管理中心提出了"应划分出特定的管理区域，对分布在网络中的安全设备或安全组件进行管控"，"应对网络链路、安全设备、网络设备和服务器等的运行状况进行集中监测"，"应对分散在各个设备上的审计数据进行收集汇总和集中分析，并保证审计记录的留存时间符合法律法规要求"，"应对安全策略、恶意代码、补丁升级等安全相关事项进行集中管理"等要求。

11.2.2 技术标准

《中华人民共和国网络安全法》（2017 年 6 月 1 日）

《信息安全技术　网络安全等级保护基本要求》（GB/T 22239—2019）

《信息安全技术　网络安全等级保护测评要求》（GB/T 28448—2019）

《中国地震局网络安全事件应急预案（试行）》（中震测发〔2018〕20 号）

《地震信息网络安全通报和处置工作要求》（中震测函〔2021〕41 号）

11.3 安全管理中心的应用准备

安全管理中心的部署包括安全感知层设备和流量审计分析设备。安全感知层设备需部署在核心业务所在网络区域，宜（应）监测所有网络区域，以追溯所有网络攻击行为。

11.3.1 网络流量获取

1. 制定镜像源

镜像端口：流量来源端口，指需要被镜像的流量出入端口。

观察端口：流量查看端口，指需要查看被镜像流量的端口。

依据本单位网络拓扑结构，对核心业务所在网络区域及局域网络区域开启网络全流量镜像。

2. 感知层设备接入

旁路部署安全管理中心感知层设备，探针接入网络设备全流量镜像端口。

11.3.2　网络流量审计基本要求

开启安全管理中心流量审计分析设备的全流量审计功能。

配置审计分析设备的审计策略为双向流量审计，从而实现监测内部和外部发起的网络攻击行为。

配置各业务应用网络访问情况的审计功能。

配置审计分析设备对网络攻击行为的安全监测和详细审计，应记录攻击源 IP、攻击类型、攻击目标、攻击时间等相关内容。

应开启对 HTTP、FTP、DNS、NetBIOS、NIFS、SMTP、POP3、SNMP、Syslog 等通用网络协议的审计功能。

应开启流量审计设备的源流量抓取功能，以留存网络安全事件的原始流量数据。

11.4　安全管理中心的集中管控应用

网络安全管理中心应实现对单位内安全设备的纳管，实现安全通信网络、安全区域边界、安全计算环境等相关网络安全设备的安全检测结果、异常流量、报警信息等实时发送到安全管理中心。

11.4.1　安全通信网络的联动

可基于可信根对通信设备的系统引导程序、系统程序、重要配置参数和通信应用程序等进行可信验证，并在应用程序的关键执行环节进行动态可信验证，在检测到其可信性受到破坏后进行报警，并将验证结果形成审计记录送至安全管理中心。

11.4.2　安全区域边界的联动

可基于可信根对边界设备的系统引导程序、系统程序、重要配置参数和边界防护应用程序等进行可信验证，并在应用程序的关键执行环节进行动态可信验证，在检测到其可信性受到破坏后进行报警，并将验证结果形成审计记录送至安全管理中心。

11.4.3　安全计算环境的联动

可基于可信根对计算设备的系统引导程序、系统程序、重要配置参数和应用程序等进行可信验证，并在应用程序的关键执行环节进行动态可信验证，在检测到其可信性受到破坏后进行报警，并将验证结果形成审计记录送至安全管理中心。

11.5　安全管理中心授权与管理

11.5.1　建立三权分立用户

按管理员的角色，应建立安全管理员、系统管理员和审计管理员，责权明确。明确安全管理员、系统管理员和审计管理员职责。

按管理员的类型，应严格划分管理员账号和普通账号，管理员可以对账号进行新增、编辑、删除等，普通账号则只能查看。

11.5.2　管理员授权管理

普通管理员账号，可以对安全管理平台的功能模块赋予编辑或查看的权限。限定管理员登录系统的 IP，应通过堡垒机进行登录。

11.6　安全管理中心运维具体措施

在管理层面应将安全管理中心的运维纳入常规运维工作，安全管理平台运维分日运维、周运维和月运维，定期检查管理平台运行情况。

在技术层面，应将安全通信网络、安全区域边界、安全计算环境的相关设备的审计结果、日志信息发送至安全管理中心。

11.6.1　安全管理平台日运维

1. 安全管理平台状态检查

每日登录查看态势感知平台的运行状况，查看处置中心、分析中心、资产中心、报告中心和重保中心等相对应的功能模块。检查平台设备及运行状态，及时发现异常情况并进行相应处置。负责人对日报内容进行查阅，并对其中的重点异常项进行及时处置。

2. 告警处置时效

终端收到告警消息要及时通知责任人登录系统处理，视告警等级进行相应处理。

对于收到的告警消息要于 4 小时内处理，对于安全管理平台中的安全事件报告要于 2 小时内处理。

3. 安全事件处置

风险业务：对重要待处置服务器事件（今日新增/反复感染、核心级别、已失陷/高危）进行及时处置。

风险终端：对重要待处置终端事件（今日新增/反复感染、核心级别、已失陷/高危）进行及时处置。

在值班规程层面加强安全处置管理，保证安全事件不过夜。不应出现图 11.1 所示的未处置的安全事件。

图　11.1

4. 威胁处置

安全管理中心检测出的如下威胁进行相应处置。

残余攻击处置：绕过前端安全网关设备攻入到内网的攻击。

文件威胁处置：对高危威胁的恶意文件进行及时处置。

邮件威胁处置：对病毒及钓鱼文件进行及时处置。

横向威胁处置：对核心服务器范围内的内部攻击者及内部受害者进行及时处置。

5. 资产风险处置

高危脆弱性：针对存在脆弱性风险的高危服务器进行及时处置。见图 11.2，对于系统的高危脆弱性要进行及时处置。

高危漏洞：针对高危严重等级的漏洞进行及时处置与修复。

风险端口：确认主机是否存在外网可以访问的风险端口，如果存在，则根据业务情况进行响应的加固处置。

弱密码：确认主机是否存在弱密码，并及时修复。

明文传输：确认主机提供的站点是否存在 WEB 明文传输漏洞，并进行修复。

入库资产：开启入库审核、识别出新上线的资产是否为异常接入资产。

离线资产：识别到上线后，一直未产生流量的资产，确认是否已经下线或者出现异常。

6. 可疑外连处置

隐蔽通信：对已识别到的隐蔽通信主机进行及时处理，避免造成机密信息被窃取。

外连地址：确认主机外连的 IP 地址是否正常，进行梳理。

图 11.2

11.6.2 安全管理中心周运维

1. 系统健康检查

对平台进行系统检测操作，并对告警项进行处置。负责人对周报内容进行查阅，并对其中的重点异常项进行及时处置。

2. 规则库更新检查

对安全管理平台及流量探针规则库、安全分析引擎、日志范式化引擎等库版本进行检查，确保已为最新版本，对升级异常情况进行处置。

3. 威胁处置

高危攻击处置：针对外部的高危性攻击威胁进行及时处理。

成功的事中攻击处置：针对成功的事中攻击事件进行分析和处理。

外部风险访问处置：可以检查外部风险整体情况，对风险进行分析以及及时处置。

违规访问处置：可以检查内部违规访问策略黑名单、白名单或控制策略等行为，进行具体分析和及时处理。

可疑行为处置：可以检查主机对内部其他主机发起的如网站扫描等可疑行为，进行具体的分析和及时处理。

风险访问处置：可以检查风险访问的整体情况，并对事件进行分析和及时处理。

4. 外联威胁处置

对外攻击处置：可以检测内网主机对外网发起的攻击，并对改主机进行分析和及时

图　11.3

处理。

异常连接：可以检测威胁的整体情况，并进行具体分析与应对处置，避免造成重要信息的泄露。

5. 异常访问处置

横向访问处置：检测服务器流量排行及最活跃的源主机分析，进行日志分析和应对处置。

外连访问处置：检查外联访问关系，分析日志详情和及时处理异常事件。

外对内异常流量分析：检查对外网开放的业务流量情况，并对异常流量进行分析和及时处理。

可疑 DNS 分析：检查对内网主机访问各类域名的情况，并对访问高风险域名进行及时的处理。

访问控制核查：检查指定 IP 组之间的访问关系以及控制策略是否生效。

11.6.3　安全管理中心月运维

1. 系统健康检查

负责人对月报内容进行查阅，并对其中的重点异常项进行及时处置。

2. 特征库升级

保持态势感知平台特征库的最新特征库，查看当前特征库版本信息以及状态信息。与厂家建立外联机制，定期每月向厂家咨询最新特征库，确保已为最新版本，对升级异常情况进行处置。

3. 配置更新检查

资产组 IP 范围：对资产中心 IP 范围进行检查与更新，保障资产识别的准确性。

数据源对接：检查第三方资产数据源对接状态与新增，保障资产识别范围的有效性。

4. 日志设置

存储容量：检查当前存储空间占用率是否过高，如过高需及时处置。

5. 组件接入检测

探针接入模式：如业务有调整，需检查探针部署模式是否需进行相应变更。

镜像流量确认：确认流量是否镜像正常，如新增镜像网段，可使用日志检索进行确认，查访该网段的日志情况，确认镜像是否正常。

采集器：检查采集器最近同步时间、运行状态是否正常，如有新增采集器需进行采集器新增。

11.7　日志集中收集、汇总与分析

完成安全管理中心的实现日志数据的集中化接入，保障日志管理的持续拓展性。

每周完成日志的集中化收集，将管理安全管理中心的日志统一收集、管理、分析。

做好流量安全审计设备的安全审计日志的本地保存，或配置为上级安全日志集中管理平台。

流量安全审计设备日志应留存 6 个月，保留 12 个月为宜。

日志可归类为系统日志、安全日志。

11.7.1　日志收集

应收集本单位所有网络安全设备的日志。

11.7.2　日志汇总

汇总日志应包含单位中网络安全设备的日志。设置好日志存储的天数。全终端的安全事件在处置中心展示的时间，设置安全事件的存储天数。

11.7.3　日志分析

基于安全通信网络、安全区域边界、安全计算环境发送至安全管理中心的日志进行分析，通过安全管理中心的分析处理形成的告警信息展示于平台中，运维人员进行相应处理。

11.8　突发事件应对

依据各单位的网络安全应急预案，对安全管理中心的突发事件的分级分类，按日、周、月运维工作中的相关要求进行处置。

应及时向安全管理部门报告所发现的安全弱点和可疑事件。

应制定安全事件报告和处置管理制度，明确不同安全事件的报告、处置和响应流程，规定安全事件的现场处理、事件报告和后期恢复的管理职责等。

应在安全事件报告和响应处理过程中，分析和鉴定事件产生的原因，收集证据，记录处理过程，总结经验教训。

对造成系统中断和造成信息泄露的重大安全事件应采用不同的处理程序和报告程序。